RAISING KIDS WITH CHARACTER
DEVELOPING TRUST AND PERSONAL INTEGRITY IN CHILDREN

培养孩子的性格

——将信义与正直植入孩子的心灵

[美] 伊丽莎白·伯格 (Elizabeth Berger, M.D.) 著

陈佳雯　刘梦岳　译

上海社会科学院出版社

致胸怀笃志的 M.L.B

我儿，要谨守你父亲的诫命；

不可离弃你母亲的法则。

要常系在你心上。

——《圣经》箴言 6：20—21

序 言

　　这是一部一度令我踏破铁鞋却芳踪难觅的作品。对于在子女精神育成方面寄予厚望的普通父母以及在为父母和孩子提供心理咨询过程中遭遇困惑的咨询师而言，这是一本文辞质直、善于铺陈而又娓娓道来的书。

　　此书的创作源于笔者作为一位母亲、一名儿童精神病学家以及教育学家的生活体验。其受众包括临床医师及广大父母。事实上，它是为所有心系年青一代福祉的人们而创作的。本书主要解答如下问题：

　　在心智成长的过程中，孩子如何使自己的内在精神世界日趋丰富充盈？

　　在这个过程中，父母们扮演了怎样的角色？

　　父母在实现良好的育儿初衷的过程中通常会遭遇怎样的羁绊？

　　为此，我以儿童性格最终的成熟及父母在激发、支撑与完善这种性格方面的密切互动为切入点，糅合了众多理论学派的精华，以期寻求这些问题的答案。这种方法固然有别于通过管理技巧来剔除"消极行为"的做法。不过，侧重于其一或其二的视角完全取决于研究者所追求的目标。笔者发现，无论是普通父母或是那些寻求治疗的家长，一旦确立了培育并完善孩子性格的目标，便会饶有兴致地希望去理解孩子逐渐成形的性格。从某种程度而言，这与那些帮助不幸家庭的医师不谋而合，即通过汇集亲子性格中睿智与成熟的因素，力求理解并攻克他们会遇到的疑难。

　　每当听到"噢，他会改掉这个陋习的！"，寻求建议的父母们总是甚感宽慰。可见儿童行为中具有令人头疼的一面其实是很正常的。然而要让父母理解为何这些行为是正常的,将其视作孩子童年阶段意义极为深远的一部分,并把握住潜藏其后的规则却不是件容易的事。但这却有利于父母预见并支持孩子其他方面的成长,能够建立父母对自己、对孩子及亲子关系的信心。

同样,医师也会建议父母做或不做某种特定的事情。考虑到专家的权威,父母可能会听取他们的意见,不过这仅仅停留在表面上。唯有当父母的身份被置于更为宽广的语境下,当父母真正明白为何以某种方式与孩子沟通会获益匪浅,而另一些方式则收效甚微之时,父母自身的权威才会真正得到强化和提升。

因此,我撰写此书的目的在于确立亲子间情感交流的主旋律——特定言语背后的音乐——促成儿童性格成长始终朝着积极的方向发展。为此,此书浓墨重彩刻画了在观念层面上理想的"明智父母"的形象。这并非苛求每一个尘世间为人父母者都必须向这个"超人类"的完美模型看齐,而是意在让父母了解心怀某种完美理想将大有裨益。事实上,造成今日众多优秀父母惴惴不安,惧怕"犯错"心理的正是由于这种至高使命感的缺失,或者说对自己所追求目标缺乏清醒的认识。我撰写此书的初衷就在于阐释这种理念,或者说是一种育儿哲学。这种哲学无论在操作性上,还是在精神性上都无懈可击,可以同时满足我们对于事实以及意义的探寻。

需要说明的是,在本书中,父母或孩子的代称一律用"他",以避免诸如"他自己或她自己"这样无休止的赘述。对此问题,英语中迄今尚无尽如人意的解决方法。当然,现实中,有男孩也有女孩;而生活中承担育儿责任的家长中,远以女性居多。因此,用"他"来指代父母双亲中的一方,也意在传达笔者的一个信念,即:对孩子无微不至的关怀是属于母亲的职责,但同样也属于父亲。

本书以孩子性格培育三个阶段的非技术性术语为纲展开阐述:童年早期、学龄期、青春期。此外,还有一些贯穿性格发展始末并反复出现的主题,以及穿插在年表中的一些对相关概念的讨论。

　　笔者试图把心理学原理通过简洁的语言传达出来,有两个目的,一是贴近父母的真实生活体验,二是为医师提供便利,使他们能够帮助父母更好地理解诸如"正反情感并存"(ambivalence),"回归"(regression),"投射"(projection)等心理学术语,但同时又能不拘泥于此。在本书中,笔者提到一系列先锋作家,也许他们的见解并不完美,但他们率先为我们提供了一些观念,并革新了我们对于童年的理解。例如,日常生活情景的片断描写凸显了困扰父母的典型问题;临床案例展示了对于患儿及其家庭的理疗过程。通过化名及对这些真实案例的细节部分进行整合和隐匿,个人隐私得到了有效保护。

　　毋庸置疑,众多困扰儿童的精神疾病是神经解剖学及生化学病变的产物,而且这种缺憾是世间任何父母的智慧与牺牲都无法全然修复的。然而,即便孩子已被确诊,父母的理解却依然能在很大程度上提高孩子在今后生命中实现自我价值的机会。

　　诚然,在这部作品中,笔者的侧重点在于那些父母可以有所作为的固有因素上,相比较而言,那些父母目前仍无法改变的因素就显得微不足道了。父母并非魔术师。然而,事实上,公众、部分专家及父母自身似乎对患儿家长总是过于苛责。但种种对于儿童生命及性格造成重大影响的外部因素绝非任何父母所能担负责任的。因此,纵然每个父母都会为孩子的潜能得到发挥备感自豪,但心怀善意的父母也不应为孩子的心理困扰而内疚自责。善良的父母最诚挚的愿望便是孩子一切都完好无恙,但不得不承认,这有时往往是人们心有余而力不足的。

　　最后,我希望借此机会表达我对众多老师、同事及病人的衷心谢意。通过传承和借鉴他们的想法,我最终形成了自己的观点。我要感谢朱迪斯·科恩和辛迪·海顿两位编辑,他们为我提供了饱含激情且极富洞察力的建议;感谢我的挚友耿波乔戈·拉佛尔博士和杰佛瑞·米歇尔博士,他们为我的手稿进行了详尽的评注;此外,还要感谢罗曼·里特菲尔德出版公司的编辑罗斯·H.米勒博士,感谢他给我的支持和建议。最重要的是要感谢我的丈夫马克,感谢他无尽的鼓励、热忱以及实际的帮助。

xiv

目　　录

一　为何性格至关重要

父母最深切的挂念

比起孩子的行为现状，更令父母们牵肠挂肚的是孩子在未来岁月里作为一个成人的品质。为人父母者总是望子成龙心切，希望看到自己的孩子成为一个勇敢、善良、有责任心并且值得信赖的人。父母们如此热切期望看到自己的孩子成为优秀的人，这本身就是一件非常美妙的事，因为这象征着他们对子女的成长满怀憧憬，对高尚品性怀有执著追求。

父母似乎心知肚明，孩子们流于表面的一时困扰并无大碍，他们真正担心的是这些困扰对孩子未来的成长意味着什么。忧心忡忡的父母常常说："我的孩子出问题了！"在这背后，潜藏着的却是父母更深的顾虑："如果孩子一直这样下去，最后会变成什么样子呢？"

父母培养孩子的目标不只限于控制孩子短期的行为，而在于从更为长远的角度对孩子的行为作出应对，以使孩子品性中最好的部分得以绽放。事实上，正是父母对于这一长远规划的全心投入使得众多父母能够以巨大的勇气面对孩子童年期典型的各种困难、挫折以及过错。由于对孩子逐渐成形的性格满怀信心，父母们发现自己对形形色色孩子气的行为的宽容和理解已经超越了常人所能忍耐的限度。

给性格下定义

性格并非一个深奥的概念。它的含义也许在个体的善良与坚强这些最实在的品格中表现得最为明晰。这些品格深入到我们每个人的心灵深处，甚至已经具有民族性的色彩。正直的性格是美国人根本价值观的体现，它最易于为众多父母所认可。事实上，性格的表现可谓无所不在，美国历史上为人尊崇的历代先贤，正是这种强大性格品质的化身：勇敢、正直、忠贞、负责、无私。这一系列价值呈现在我们最伟大的文献——亚伯拉罕·林肯、马丁·路德·金博士的演讲中。畅销书、电影和电视节目也都无一例外地展示这样的主题：好人身上总是彰显美德，并且和恶人作斗争。凭借着勇气、理智与坚毅，弱者总能打败更强大的恶棍。从更深的层面而言，好人通过自我斗争变得更好。以此为题材的好莱坞电影和报纸上以人物为兴趣焦点的故事，也许称不上伟大的艺术作品，但它们却是民族文化自我诠释的精品。美国人对于"我们想要成为什么样的人"所达成的共识不容置疑——它可以被利用，被公式化，甚至遭人冷嘲热讽，但它却一如既往，凝聚并鼓舞着我们。我们众志成城，因为我们珍视这种价值——坚信每个人都能成为一个高贵的个体。

我们可以进一步细化令自己如数家珍的性格本质吗？所谓性格（character），也许最关键的，便是明辨是非以及依据道德良知行事的能力。除此以外，它还包括勇气、现实性、直面失败的精神，同时也包括创造力、同情心、爱的能力，当然还有对人类生存状态的尊重，对同胞以及对理想的忠诚。这些品质将促进年轻人成长，最终成为称职的父母、优秀的公民。

3 　　尤为值得注意的是，尽管人的性格拥有许多共性，但性格在很大程度上却是由个性决定的。这证实了每个人的独一无二，每个个体在某些独特的方面都是无可替代和弥足珍贵的。从这个意义上讲，一个人的性格与他的心灵以及精神境界息息相关，无形却纯粹。

性格包含了生活的基本信条。它是对于人类生存中爱与恨，男与女，生与死这一切深远的对立概念之回应的总和。而且，它还包含了个体内在的斗争——包括工作与休闲，自我与他者，未来目标与当下冲动之间的斗争。

我们可以将这些品质转换成更多的心理学术语，从而向人们展示，性格的力量蕴含着维护个体利益与为他人着想之间的平衡因素，以及一种对现实的理性判断和对伦理准则的清醒认识。

性格能教会吗？

很多时候，父母们总感到必须"教会"孩子一切。这一重任把自己压得喘不过气来。这些父母和一个年仅 10 岁却已为将来自己的孩子可能学不会说话而一筹莫展的女孩很相像。毕竟这个孩子此前从未教别人说过话。万一自己教不了怎么办？那小孩子怎么学呢？那么多的词汇！那么难的语法！她该从哪开始呢？

对于这样一位未来的小母亲而言，告诉她婴儿之所以开始说话并不是被教出来的，而是因为他们被人关爱，这个女孩开始如释重负。日常生活中只要对孩子呵护备至，使他们免受外部世界的侵害，那么婴儿的内在早已具备学会说话、走路以及学会掌控周遭世界，乃至最终学会主宰自我所需的一切。听到这些她甚感宽慰。

其实，大多数孩提时的错误都无需矫正。在特定的年龄阶段，小孩常常会说"我一路上跑路过来"。父母们未必需要向孩子指出"跑步"才是最恰当的词。只要和孩子互动，尤其是对于那些孩子急不可待又兴致勃勃谈论的事物，父母能够给出回应，这就是对孩子学习说话，特别是掌握语言中不规则的难点所给予的最好鼓励。这种学习过程有它自己的生命。

因此，父母总是很关切给孩子"灌输"性格育成方面的价值理念。教给孩子东西本身无可厚非，相反地，为人父母负有言传身教的职责——从诸如锅是烫的，马路上很危险，打闹是不允许的开始——传达这些有用的细节往往让父母们殚精竭虑。当然，亲子之间也可以就有关真理、职责和理想的抽象话题进行有价值的探讨。但孩子对这些东西的内在潜能，在其有能力可以真正进行讨论之前其实早已形成。父母大可放心，正是在日常生活的亲密接触中，孩子对道德、奉献和理想主义的潜能得到了激发和提升。

性格的育成并非专门教授的结果。它植根于孩子的成长，是孩子成长的果实。孩子成长的全过程——尤其是学龄前阶段——为孩子的性格练就了构架和内蕴。父母的所作所为——特别是他们这样做时的精神状态——为孩子价值观的成形提供了原材料。

二　出生到学龄前的亲密期

亲子之爱：孩子的原初价值

　　父母们给予孩子的价值观是孩子的原初价值，它能够帮助孩子在早期对自我形象进行定位。我们知道，对一个孩子的关爱在孩子脱离母体之前早已开始，事实上，在男女之间渴望拥有一个孩子而互送秋波的那一刻已经开始。准父母们早已在观念层面为生儿育女作好了各种准备。无论对男人或女人而言，整个过程都受益于自己从童年时代所获得的丰富体验——他们人生中最重要的情感关系——亲子之爱、手足之情等等。这些情感因素构成了新生儿对他们的意义，以及他们从孩子身上所发掘的自身价值所在。对很多人来说，抚养孩子是生活中最大的成就。人们观察发现，由于婴儿继承了父母人格中最为持久且最为原始的元素，父母通常会过分呵护自己的孩子。于是，旁人总是感到为人父母者有溺爱孩子之嫌。对父母来说，孩子的独特价值是通过各种途径传达的，从语音语调、触摸到对孩子生理需求的关爱与满足。这与其说是一种科学，一门学问，倒不如说是一种艺术，一个庆典。"养你疼你是因为我爱着你。"母亲在心底低吟浅唱，一如她幼年怀抱玩偶时轻轻哼唱的那样。

　　与此同时，孩子也相应地通过语言建立起人际间的依赖关系，并对此形成自己的想法。然而这一时期，婴儿语言的发展还远远比不上情感的成熟度。可以说，生命早期，孩子的"自我"（myself）意识及对所爱的"他者"（someone else）的认知开始粗具雏形，两者间的联系也由此被建立起来。另一方面，研究人员开始认同一直以来父母们所心知肚明的事实：即便是生命初期的几天乃至几周也是一个非常复杂的时期。这一时期的婴儿渴望爱与被爱，渴望对外部环境作出回应，并在独特而亲密的层面上与他人进行互动。此时的婴儿已经是一个具备心理活动能力的个体。在孩子2到3个月大的时候，脸上逐渐绽放出灿烂的笑容。这就标志着一段更为丰富，充满着更多对话与交流的亲子关系即将开始。

非常早——大约在8个月大的时候——婴儿开始意识到别人能够理解自己的想法与情感。此时，对那些自己所爱的人，孩子们显示出强烈的依赖之情，但同时也会对企图接近自己的陌生人表示出愤怒或焦虑之情。

1岁半时，孩子开始用符号表达自己头脑中的一些想法，并学会用两到三个词的短语说话。比较复杂的社会情感，如：尴尬、嫉妒、同情等，则可通过言语之外的其他手段来表达。2岁时，骄傲、羞愧、内疚等情绪也渐渐产生，孩子开始以独立个体的身份进入社会的大环境，并且明白他者的意愿与自身的需求之间必须进行相互妥协和迁就。他们已经具备相当多的建立亲密无间的人际关系所需的技能。

尽管，一方面，婴儿神经系统开始发育并不断成熟，但另一方面，这一非同寻常的个体成长过程也有赖于成年人满怀爱意的互动参与。他们的回应以及对婴儿躯体和精神的照料，会对神经系统的育成产生影响。有时候，父母故意不与孩子互动，恰恰因为他们爱孩子，了解孩子智力发育的序列过程。而他们愿意与孩子互动，是因为那份求知欲，以及喂养照料并与孩子嬉戏所带来的强烈的幸福感。无论对父母还是孩子而言，这是一种个体的、私密的情感体验。对于新生儿的父母而言，这种感觉就像是整个世界都已不再重要，一切都已倾注于孩子的生命——那值得骄傲与令人快慰的个体存在。

毫无疑问，父母对孩子的爱是孩子性格形成过程中最具影响力的元素。然而，在意识观念中，亲子之爱这一非凡的特质与力量却被我们轻描淡写地一再忽略。我们总是习以为常，总在身陷困境时才发现它的可贵之处。小夫妻俩为不能生育而黯然神伤；父母因失去孩子而无以言表地悲痛等等。有一个非常有趣的现象，对于男女之间罗曼蒂克的爱情，各个时代的诗人往往都不失时机、不吝笔墨地高唱赞歌，但是鲜有诗人颂扬父母对儿女的关爱与付出。

对婴儿的爱并不单纯等同于关爱他们头脑中的想法，它还蕴含着对孩子身体的关爱。那小手指、小脚趾！那小小软软的脖子散发的芬芳！还有种种坚持认为自己的香嫩宝贝比别的孩子都棒的荒谬想法。或许清教徒式的理念会令人们羞于承认这个事实。但父母在喂养、关爱、照料他们的宝贝时，生理上和躯体上所获得的满足感在某种程度上近似于成人恋爱时的激情与渴求。

值得一提的是，婴儿与父母之间的情感纽带是独一无二、坚不可摧、无可替代的。因为特定的（诸如语言、运动技能、智能和情感）培养总是在特定环境中展开的，因此整个过程都浸染上了个性化的色彩与基调。同时，我们也注意到，父母因为照料孩子而经受的巨大挫败感、乏味感、焦虑以及睡眠不足等等而使得获取的快乐有所消减。父母心中的爱召唤着他们在未来漫长的日子里尽显情感之坚韧与自律。

如果用简单的方法来表述父母对孩子的无私奉献，我们会发现在一艘即将沉没的船上，父亲或母亲总是选择把救生艇上最后一个位子让给自己的孩子，而不是留给自己。每一个为人父母者都会用自己的生命去拯救自己的孩子。这一情感世界的真理尽管并非总以直白的方式显示，但它恰恰构成了孩子心理世界的内核。正是从父母奉献之爱的重要人生体验中，孩子内心开始孕育对他人奉献的接纳与包容。这便是孩子性格的起源。

8　关于爱恨的问题

前文所说的情感体验并非总是阳光灿烂，鸟语花香。日常生活中幸福的画面总会被暴风骤雨式的插曲所打断。比如，婴儿会因饥饿而大叫。当孩子感到果腹的强烈需求时，被人关爱的需要和满足感就退居其次了。当婴儿的需求规律性地得到满足，并且成人魅力相得益彰能够共同发挥作用时，对于预期满足感和带来满足感的大人，就会在婴儿头脑中形成更为坚实、成熟和丰富的双重概念。当然，现实生活中，婴儿的满足感与挫败感总是如影随形，无以回避。这就解释了为什么在影院中婴儿的哇哇大哭总是被人们视作再正常不过的事，而且只要爸妈近在身边一切就会变好。人们对此往往一笑置之。对于父母而言，他们的意图不在于对孩子万事都遂愿，使其免于遭受任何挫败感，但是婴儿的满足感的获得必须是稳定可靠、及时充分的,这样才不会使婴儿产生绝望的情绪。由此,我们发现这构成了愉悦、乐观、信念和友善的情感源头。只要活着,被人爱着而且需求被满足着,这种情感就会在婴儿的内心世界慢慢成长。

通常情况下,爱的力量远胜于愤怒与仇恨的力量。但这并不意味着前者能够根除后者。面对日常的困境,所有的孩子都会经历绝望、愤恨和无助感。即使在乐观情况下,日常生活中,每天的挫败亦不计其数。无论怎样,婴儿都倾向于看到事物积极的一面,因为他们身后有父母强而有力的支撑。

2周岁前,婴儿将面临又一大令人头疼的特殊课题,即:他们会愈加清醒地认识到,满足自己欲望的好人同使自己受挫的恶人原来就是同一个人。因此婴儿必须在情感上排除万难,与令自己爱恨交加的大人建立起情感上的依赖关系,并将这些大人转化为集善恶两种特质于一身的人物形象,这些构成了童年早期的一项工作。虽然这项任务总是半途而废,但是这一复杂的内在心理过程的实现却孕育出孩子的宽容和忍让的能力。

同样的,在3岁以前,孩子开始明白自己也交替着变好或变坏——清晨时分那个小小的自己娴熟地掌握着刀叉技艺,俨然已经成为众人倾慕的焦点,可是一到中午却扯着猫尾巴招致一片愤怒的目光。大约在2岁前的某个阶段,在孩子尚不能用语言表达情感时,他们已经会为自己的破坏行为心生遗憾和懊悔之情了。他们觉察到自己的一言一行会对他人的情感产生实实在在的影响。当孩子发现自己会令别人感到生气、悲伤或受伤害时,他也会十分难过。

依 赖 与 独 立

依赖与独立的矛盾在孩子学会行走、说话、自主进食的同时产生。因为这些基本技能在生理上给予孩子更多独立自主的空间。然而,另一方面,它也将被人关爱的记忆束之高阁。孩子依靠自我的力量获取源于内心的自尊、勇毅和友善。然而蹒跚学步的孩童的这种内在自我依赖能力极为有限,在这一阶段一旦内心中热情的父母形象悄然隐退了,孩子自身的信念也随之殆尽了。小宝贝突然之间鼻子眉头一皱,他是那么需要父母的真实存在,需要趴到母亲的膝盖上埋头痛哭一场。这种向着独立自主的演进和朝着依赖他人的回溯轮番上阵,交错行进,赋予2到3周岁的孩子一种反复的矛盾性格特质。

当孩子能够体会到自己作为独立个体的存在时,父母关爱的温暖记忆和自己渴望独立的梦想会激活孩子的内在生命。这一过程在失而复得的演练中反复进行。躲猫猫游戏中亲爱的爸妈来了又走,便是一个最直白的例子。在这个游戏某些版本中,孩子显得很被动,而当消失的父母"重现"时,孩子又禁不住欢呼雀跃。另一些情况下,年幼的孩子则掌握了主动权,精心安排着大人或是让代表大人的静物"失踪"。婴儿在小床上抛掷动物玩具,或是把杯子和勺子扔到高脚凳上的托盘里。这些不仅只是嬉戏,更是孩子尝试掌控亲密关系的一种方式。

10 在生理上,大脑的成熟使婴儿以较丰富的形式理解了暂时消失在自己视线之外的事物实际上仍然持续存在。孩子明白了球滚到沙发下,虽然看不见了,但其实还在那里。这一理念暗示的增强对婴儿人际交往能力产生的影响不容小觑。于是,对于父母所在位置的确认,并对他们来去的行动施加控制就显得尤为重要了。

当婴儿认识到自己的个体性、依赖性和相对的无助感正逐渐加强时,他自然而然会想要掌控自己的父母。这不免为亲子关系抹上了些许盛气凌人的味道——想要和父母亲密接触的渴求往往伴有一种带有倾向性的施虐欲,即惩罚和控制反复无常的大人。强制大人屈服于自己的意愿实际上含有拒绝面对"人本来就是相互独立的个体"这一无奈现实的意味。孩子有时颇像暴君,时不时惊忿于他的臣民难以避免的对抗与背叛。孩子逐渐开始意识到自身具有伤害他人的冲动。孩子的这种与生俱来的冲动并非常人想象的那样是出于受了冷落或凌辱的结果,它恰恰是孩子在爱与被爱的互动中的产物。这一切足以令孩子认真反省。

事实上,想要主导、惩罚、掌控他人——特别是自己所爱的人,是人类天性之一。这一天性源于童年早期,先于孩子的人格向个体的独立性妥协之前,先于他们学会通过巧言令色和中庸之道以达到既定目标之前。

由于现实中孩子的独立自主不可能维持很久,父母近在身边无疑就编织成了一张满足孩子心理安全需求的保护网。孩子尚小,竞争力不强,而且是一个情绪起伏极为剧烈的个体。有时会对父母生气,就好像他们需要依赖父母也是父母的过错。"可怕的二龄童"(The terrible two's)(这一现象在每个年龄阶段都会重现)便是对这种永恒的心理困境的描述：一方面渴望变得"独立自主"，强大勇敢；另一方面又希望维持幼小和受人保护的状态，由他人来满足自己的需求。

这一年龄阶段情绪的剧烈波动显示出孩子内心的巨大挣扎。前一分钟他们希望变得具有掌控力，后一分钟他们又无助地依赖他人。父母对这种压力也深有体会。这也解释了为何处于这一挣扎中的孩子会令人如此心力交瘁。细心的父母凭借直觉和洞察力会明白何时该插手，何时又该放手。这样，即使有了父母的参与，孩子仍能为自己的成就感到骄傲自豪。

【小插曲】

杰姆斯(James)(2 岁)正在扣纽扣。当他成功扣上第一颗时，不由得喜笑颜开。但是麻烦紧接着就来了：第二颗怎么也扣不上了。尝试一阵没有成功之后，他恼火地瞪着妈妈，好像在说："来帮我扣吧。"妈妈伸手想去帮忙，但杰姆斯却又生气地将她一把推开。此刻一切仿佛都归咎于妈妈。他背转身去，又试了一会儿，最终垂头丧气，以失败告终。他喊道："你来做吧！"妈妈帮忙扣好了，他的一滴泪珠也滑落下来。杰姆斯两次触及婴儿期的最低谷，就如同沉到了游泳池池底一样。他叹了一口气后，重拾自尊的杰姆斯又开始动手扣第三颗了。

像这样紧张却又平常的情景，一天中会反复上演。事实上，孩子的情感恰恰是通过生活琐事，而不是什么惊天动地的大事而日渐成熟的。孩子能够获得更多信心，一方面有赖于拥有更高禀赋与能力的父母，另一方面也是通过把父母推到一旁，就好像在宣称"走吧！这儿有我在！"我们注意到这样一个悖论：父母在被支开以前其实已经被拉拢过了。由于亲子之间已经建立起牢不可摧的情感纽带，孩子大可心安理得地将父母的帮助拒之门外。在孩子已经得到父母的指点，自己俨然成为一个小专家时，这种情况就更频繁了。这一天里，孩子的成就已不仅局限于几颗纽扣了，而已经延伸到他们的独立感和责任心，他们认可自己在对他人有所求的同时依然享有的成就感,以及自尊、耐心、壮志和关爱。

妈妈知道,杰姆斯同时需要达到两个相悖的目标:让妈妈认可他的独立性,并帮助他扣上纽扣。对于妈妈而言,从心智上理顺这一悖论并不轻松。母亲通常不会在理性层面来思考和应对这一挑战。但她们会从情感与直觉的角度理解这一现象,而这也就足够了。对孩子自相矛盾的需求一一作出回应要求父母在感情上大量的付出。这便是为什么与陷于心理困境的孩子相处是一件如此伤神并且考验耐心的事。

同时,值得一提的是,这也是一种积极意义上的耐心。不同于静静等待公交车的那种耐心。这里所指的特质与父母的勇气、毅力及忠诚度相关,它首先需要母亲对人性怀有一种深切的信念,一种对孩童精神世界及其成长潜能深信不疑的信念。从生理学角度而言,为孩子穿上一件衬衣是一件很容易的事。但是从心理学的角度来看,要把这件事做好却对参与者的深层动机和性格力量都提出了要求。孩子在这一过程中获取的是远比穿衣本身更为丰富的体验。可以说,其中蕴含着孩子从一个年龄段向下一个年龄段的性格的过渡。

在如厕训练中,许多类似的问题一一彰显。起初,孩子会很享受在对他而言最恰当的时刻排出体内尿液和粪便。在孩子眼里,排泄物是好的,温润的,是属于自己的,把它们排到身体周围是一件有趣的事。

当妈妈告诉孩子这些身体的产物对她一点价值也没有时,这对孩子而言无疑是一个晴天霹雳。妈妈会皱皱鼻子,通过不同方式反复传达对脏尿布、排泄物的厌恶,甚至孩子在这一过程中体验到的快乐都是"不好的"。于是,孩子面临两难处境,需要在保持排泄的快乐和赢得父母欢心这两个相抵触的目标中作出选择。当然,聪明的父母明白,这不过是孩子生理演化过程中的内在矛盾,并非亲子之间的权力冲突。

在每一次对大人言行的模仿过程中,孩子都逐渐会放弃自己内在的未被社会化的部分特质。这样做是因为掌握成人的行为会为孩子的现实世界开启窗扉,并且"像大人一样",能够取悦有鉴赏力的大人。于是,排泄过程中个体私密的快乐逐渐被遗忘或者被伪装成其他形式。经过如厕训练的孩子将有资格去经历各种新的冒险。他们会因为成为一个大人而获得众人的喜爱。

内 在 的 父 母

13

对我们而言,当孩子为了获得更大的成就而一路前行时,其内在的心灵世界才是最具启蒙性的,因为这是体现其价值观的领域。人们常常无意中听到这样的独角戏。小孩子对着他的毛绒玩具和小娃娃或喃喃自语,或信誓旦旦,或骂骂咧咧,要不就连哄带骗道:"这样做,不许那样做。"因为和孩子朝夕相处,同时也出于思维惯性,父母在言行等各方面都占据了孩子的情感世界,并且已经成为其中不可或缺的一部分。正在努力学习系鞋带的孩子可能会低声模仿大人的口吻鼓励自己"抓紧小兔耳朵,抓紧小兔耳朵",并尝试着保持自己内心世界中父母的形象。而在人行道边,即使握着父母的双手,他们还是会轻声自语"现在注意看马路两边",就仿佛自己已和父母的谆谆教导融为了一体。

孩子会告诉自己:"妈妈就在身边。"他开始接替母亲的角色并承担起安慰自己的任务,就仿佛这是赋予自己排解焦虑、远离伤害的一剂良药。于是,又一个悖论由此诞生:孩子依赖父母时被给予的关爱与安全感愈多,日后他的独立精神将绽放得愈加彻底。

为提供慰藉、指点迷津而构筑起来的内在父母形象,是每一段童年中最为重要的情感成就。这一形象成为孩子自我安慰,自我管理,消解焦虑、哀伤、愤怒等调适能力的支柱。父母终日教给孩子自己的世界观,在其指引下,孩子预见和抵御挫折,以及解决问题的能力得到强化。父母的情感移入也逐渐引导着孩子自然而然,甚至是无意识地完成这一过程。妈妈会安慰心浮气躁的孩子说:"哦,饭菜马上就好了。"或者"爸爸会搞定这件事的。"或者"别着急——我们一会儿会找到的。"这些大人终日的絮叨不仅解释着万事万物——比如"那响声并不危险,只是垃圾车在启动"——同时也鼓励着孩子在日常生活中增强自己的抗压和解决困难的能力,因为这些话语意味着所有问题都能被理解、应付和掌控。

孩子与生俱来便具备一种强烈的冲动,想要模仿和吸收自己所爱的人的意见、态度和行为。这样一来,父母日常的言论不仅是信息的传递,更是一种态度和情感培育的平台。父母会对孩子说:"看见树叶掉下来了吗? 秋

14

天到啦!"这句话传达的不仅是季节更迭的事实,更饱含着父母说话时的情感:无论是快乐、激动还是对大自然的热爱。这种情感和共同经历的分享所带来的亲近感常常糅合在一起——这就是可贵的亲子之间亲密与温柔的情感纽带。

这是孩子性格力量的源泉。孩子会携带交错着四季、树叶与被人关爱的记忆踏上漫漫人生路。许多大人几乎不记得他们的童年早期,这并不意味着这些经历就此消失了。相反地,它将对孩子的性格产生持久的影响力,形成内在人生体验的内容——一种独自生活的能力,使自己的人生变得有意义,并且生气勃发。独自生活的能力是基于对生命深度意义的体验产生的,也是这一对话的自然产物。

育婴室的浪漫

对于学龄前儿童而言,最令他们深深着迷的是那些近在眼前的事物——人体及其潜能、人类的精神世界以及两者间的关系。在和他人相处的过程中,孩子整天尝试着通过想象将这些神秘的事物整合在一起。其间所形成的一出大戏包括成年人所界定的性繁殖,但它又更为宽泛,蕴含着一系列思考:人从何处而来,当他们死了又将往何处而去,他们怎样走到一起,又是什么使他们依附在一起,往来之间又伴随着几多爱恨。

诚然,这一系列问题也是困扰我们一生的根本问题,因为它们正是人类生存的核心内容。对于这些追根溯源的问题,人们已在童年早期获得最初的印象,而早期的家庭生活又为自己日后成长为具有生理心理双重属性的个体打下了基础。

拥有一个孩子的想法并非始于成年期。事实上,生孩子的愿望是人们初涉人世时最早产生的向往之一,甚至婴儿本身对生儿育女也会兴致勃勃。15 这一点可以从他们的游戏中看出来。埃里克(Eric)的小妹妹出生的那天,他正好16个月大。那天在医院里,小埃里克把洋娃娃藏在衬衣里,先是学着孕妇大腹便便地踱来踱去,接着躺在地板上开始"分娩"。随后,他把他的"宝贝"和一箱他小妹妹的尿片一直推到门口,以显示他对这个"新生儿"已经受够了,是时候让她走了。婴幼儿的一举一动展示了他们通过象征性行为进行交流的理解力已经超越了他们运用语言进行沟通的能力。自然，孩子关于性的理念都是典型的对于科学事实的断章取义，就好像大多数孩子所相信的那样，妈妈怀孕是因为吃了某样东西，或者孩子是从肚脐里生出来的。

关键问题并不在于孩子年龄如此小就对繁殖知识具备正确的理解，而是他们对于人类情感，尤其是那些永恒的课题，生与死，爱与恨，拥有高度敏感的洞察力。我们发现埃里克头脑中的双重渴求：一方面，他想和他妈妈一样生一个小孩，另一方面，他又想摆脱这个作为自己竞争对手的新生儿。这样的愿望在此时此境注定会受挫，但却会根植于他的人格中，间接转化为生活的一部分，演变为以其他形式所呈现的创造力与竞争力，并且最终成就他作为一个父亲的身份与角色。

这里需要强调的并不是父母如何向孩子解释生活本身，而是他们自己是如何生活的，以及这样的生活方式又是如何塑造并且影响着小孩的人生观以及他们在未来的生活中所要扮演的角色。从童年早期开始，年幼的孩子就一直在消化吸收父母的身份、目标和价值观。这些东西部分地通过父母有意识地言传身教获得，但更多则是孩子自己模仿的结果。而模仿的核心在于孩子的"想要成为""想要和……一样"，使自己内心也拥有挚爱父母的笑颜。

孩子的心愿是事事都要和父母一样。但他的愿望仍然有点令人不可思议：他坚信，如果希望事情应该像这个样子，或者假装事情是这样的，它就会在现实中成真。这一信念日后将会和现实中复杂的新问题交锋，孩子逐渐会意识到譬如男孩与女孩、男人与女人之间的区别。我们知道婴儿还太小，不会用语言来表达他们对自己性别身份的认同。但是一旦他们开始在父母身上演习他们的浪漫艺术，这一性别暗示便开始获得认知。无论男孩女孩都渴望和父母在躯体上亲密接触。3 到 4 岁起，孩子对于父母，尤其是异性父母的情感中逐渐透出一丝具有诱惑性的新特质。由此，孩子身上的害羞、魅力以及希望捕获观众的欲望开始被激发。

和电影院里孩子哭闹的例子一样，3 岁男孩宣称他将会娶他母亲的计划把人们都逗笑了。人们因为如此有趣的生活插曲而开怀，但同时也希望幼小的孩子不会因为无情现实中这一计划的不可行而被击垮。首先，最大的障碍在于,妈妈已经嫁给了爸爸,爸爸并不能被轻易撬走,因为他不仅很强大,而且有他在自己身边感觉很好,事实上,孩子很喜欢爸爸的陪伴。和爸爸竞争的可能性,尽管被抛诸脑后,但它仍然使孩子开始反思自己是否忠诚,以及衍生出对自己邪恶面的认识,对自己报复心态的恐惧。男孩再度有幸品尝孤独而反叛的心情,回忆起先前经历的种种焦虑,那一出令人烦心的全新的肥皂剧会在舞台上一一重演。

类似地,3岁的女孩也爱着她的母亲,并且拥有独占母亲的野心。秉持这一份忠贞(当然也因为这份忠诚),小女孩希望做她母亲所做的,成为她的母亲那样的人,并且显现出自己能够做得更好。她要嫁给爸爸并且成为贤妻良母。但她也爱妈妈。妈妈的反对,无论是出于何种原因,都会令她不安。因为想要自己一个人拥有爸爸的想法将导致惹妈妈生气并且有失去妈妈的可能性。对于小女孩而言,想要拥有一个自己的小孩的愿望越来越强烈。通常这一愿望会和从妈妈那里偷一个小孩的幻想混杂在一起,但又担心妈妈会把小孩夺回去,于是她又会希望和妈妈和平共享这个小孩。结婚、彼此拥有、生小孩是每个孩子,无论男孩女孩,所共有的兴趣焦点。

只有在理论上,对于性别身份、角色及浪漫渴求的认同才是固定和绝对的。现实中,小男孩和小女孩都对自己同性的父母部分保留了自己的忠诚。他们有时也想排除异性父母,尽管这是以一种不易觉察的方式进行的。这些矛盾对立性在孩子内心世界中相辅相成,和谐共存,充实并且丰富着孩子的性格。

17 　　对于自己所爱的父母想要取而代之(做父母所做的事)是一个仍不能避免根除竞争对手的想法。因为孩子们总是异想天开,他们对于死亡的认识是流动和通融的。这一秒钟想干掉对手和下一秒钟在需要时让他复活并不冲突。当然,干掉父母的想法并不为孩子的整体人格所接受。只有孩子对父母心怀怨气、愤愤不平的时刻,这种念头才会偶尔浮现。不过,一个幼儿一天中情绪的起起落落也会造就无数这样的时刻。小男孩对一直在"煲电话粥"的爸爸大失所望。当他第三次打断大人时被老爸臭骂了一顿,小男孩立刻怒目圆睁,大吼"我恨你"。

通常孩子对自己身体的探寻譬如排泄、洗浴及更衣等活动会引领他们发现触及生殖器官时的快感。不同于生理成熟的大人能够经历性高潮,孩子的这种快感得不到释放，注定受挫。对于生殖器官的探索所带来的生理上的渴求与兴奋在他的头脑中以一种模糊的方式和他所爱的人联系在一起，并给这种爱抹上了一层新的浪漫的气息。

父母一般都会把这样的信息传递给小孩，不能在公众场合手淫，这属于个人隐私。严肃的父母在和孩子交流的时候，可能自己一直也没有完全意识到这个问题正逐渐浮出水面。在此期间，孩子因为在公开场合展示躯体魅力及其综合能力而赢得更多的喝彩，性格中"炫耀"的元素随即开始成形。

这个年龄段的孩子已经足够敏感，已经到了能够观察到小女孩和小男孩的成长是不一样的。在某个特定阶段，小女孩生殖器的外观总是被小孩错误地解释为一种缺陷。孩子所观察到的不同被植入他们对于性别的理解，这种理解往往伴有一种普遍的幼儿阶段的焦虑，即女性生殖器官是被伤害的，是缺损的。许多孩子都假定女孩子一度也有阴茎，但后来丢失了，这或许是一种惩罚。孩子在这个阶段对性器官的专注，对于性兴奋的生理潜能，感情上占有父母的雄心三者浪漫地融汇成了一种新的焦虑：即因为性竞争和手淫而可能遭受惩罚，丢失生殖器。小男孩会担心掉了自己的阴茎，而小女孩则忧虑自己那已经不知去向的阴茎。每个孩子都需要人们安慰他们，但实际上孩子都是完好无损的，并且始终会保持目前这个完整的自我。

一般而言，这些发生在父母眼皮底下的变化并不会引起太多的关注，甚至在公开讨论中这些问题会被视作是荒谬的。这其中有几个原因。首先，记忆的属性决定了人们会忘记学龄前的很多事情，这也就是作为成年人的我们不能够清晰地重拾这个阶段记忆的原因。此外，传统中的"原罪"思想使人们难以接受孩子在生理上也有性冲动、心理上也有性幻想的事实。此外，孩子的性兴奋不像成年人那样是集中的，它其实包含很多东西，比如吃、跳舞、蹦跳，有时甚至是拍击等。我们注意到成年人在爱情前奏中往往也保留了这些回荡自童年时期的音符元素。

另外，孩子对于语言的运用还太简单，不足以直接表达此类主题。由于缺乏成年人的词汇语库，孩子会用符号代替语言。因此我们往往只见树木不见森林，无法知晓整个故事的前因后果。孩子有时并不会对男孩女孩身体表面令人困扰的区别说三道四，但他们可能因为其他看似破损或残缺的事物而忧心忡忡。凯瑟琳（Kathleen），3岁，始终全神贯注于公园里的装饰喷泉——有时池水在喷涌,有时却又停止了。她显然是被吓住了,一遍遍问父母,那个喷泉怎么了。她的父母反复回答她的问题,但困惑于她的疑心如此之重,想要消除她的疑虑根本就是心有余而力不足的。还有的孩子会竭尽全力反抗别人,因为他们给自己的饼干是碎的或者他们会因为一种可能会伤害身体的微乎其微的事件而大惊小怪。但有时他们又一再地以冒险行为向命运之神发起挑衅,带着一种蔑视伤害的意味,好像要向上天证明他们的躯体是刀枪不入的。

此处我们所要求的并不是让父母从技术层面理解孩子的心理状态,但需要他们以支持和同情的心态时时给孩子以回应。他们的儿子或许不会公开宣称:"妈妈完全属于我!"但他的行为却可能泄漏这一点。这样的孩子或许会娴熟地要求母亲全身心地关注自己,正如父亲也喜欢的那样。如果父亲因为孩子成为小小的诱惑者而感到困扰,那也是很正常的反应。但是此时的父亲仍然需要以适度的幽默去容忍、化解,而不是怀恨在心,把儿子当成真的竞争对手。在现实中当孩子表现出侵犯性,并异想天开地宣称自己的权力时,我们仍需对他们加以控制,这样才能确保亲子关系中安全和理智的因素占据上风。换言之,孩子吹气球时,我们要控制气球的大小,但不能把它戳破。

同理,妈妈也需要以宽容的态度对待自己三四岁大的女儿。有时候,小女孩会严厉地责备妈妈,而作为家庭照料者的妈妈会觉得尤为莫名其妙。这时,只有爸爸能安慰她们了。

学龄前末期的性格

尽管大多数成年人对于 5 岁前的事只有模糊的记忆了,但这并不意味着这段时间什么事情也没发生。恰恰相反,这一阶段中的情感发育会对孩子将来成为什么样的人产生巨大的影响。人们都明白,为他人着想这一能力的养成是孩子早年被人关爱和照料的人生体验的自然产物。人们想要给予、分享、弥补、"和解"和培养感情的愿望植根于生活中他们时时受人恩惠与关爱的事实。真正的慷慨、忏悔、宽容皆是源于内心的冲动,无需大人的教诲,点点滴滴皆已体现在小孩的行为中。日常生活中,当孩子饿了、渴了、倦了、太冷或者太热时,及时缓解或者满足他们的生理需求,他们就会把照顾自己的人和对这一善行的感激联系在一起——这就是希望、友善和信任的源头。

此外,学龄前儿童心底的愿望有时并不尽然能获得满足,因此他们需要学会与现实妥协,比如要占有父母的天方夜谭式的幻想。孩子渐渐地同时也痛苦地发现事情远非想象中那么简单,并非他对外宣称那样一下即可实现的。事实上,爸爸和妈妈仍然维系着婚姻关系。他们似乎也乐在其中。孩子们也各归其位。大家努力在避免了挫败的同时也挽回了颜面。但是,孩子其实仍然只是由成年人主宰的大千世界中的孩童而已。于是年轻的一代都逐渐成长为现实主义者,学会接受事实,接受事情本来的样子。

孩子们必须学会和自己内心的破坏欲作斗争以确保这种欲望的存在不会造成灾难性的伤害。他对父母时不时的恨意得到了缓解,大家都避免了尴尬和不快。孩子对于父母的爱恨纠葛已经融化为一堂苦乐参半的人生课了。孩子开始认识到别人并非自己欲望的延续,大人在想要做一些事情时甚至想排除小孩的参与;他们还发现自己所爱的人是独立于自己的个体,都有属于各自的生活。这样的认识使孩子们学会以更宽广的胸襟去容忍人际交往中的种种挫败,并且学会接受这样的现实:自己的欲望总有一部分不能被满足或者不能被及时满足。孩子学会了等待。他学着变"好"。由此,他们会为自己曾对所爱的人怀有破坏性的欲望而感到悔恨,随之产生一种关切心和责任感。

孩子对父母直白式的浪漫情结逐渐被克制了。这一过程中,孩子对于父母的爱,对性别差异的认识以及对父母的欲望三者相互纠结。由此,孩子的性别身份,对于爱的渴求,以及在生理兴奋上的潜能也都自然地联系在了一起。这无疑为孩子成人后建立两性间的亲密关系打下了基础。在这种关系里,生理上的兴奋(稍纵即逝的)以及精神上的承诺与奉献(天长地久的)将水乳交融,凝结成持续一生的爱情。

当然,孩子仍会或多或少地保持对父母的爱恋——一种夹杂着爱的温存与值得骄傲的感情。小女孩觉得她妈妈是世界上最漂亮的女人、最好的母亲,她的钢琴比任何人都弹得棒。同时,她爸爸也是全世界最勇敢最伟大的男人。由此生成了无数童年的爱之奉献:鲜花、吻以及珍藏在心中的秘密。我们发现因为父母对婴儿的过分溺爱所引发的交互效应,孩子也会过

20

于抬高父母在心中的地位,把他们视为独一无二、与众不同、完美无瑕的化身。

21　　纵然父母并非圣贤,日常生活中关于父母的神话时常破灭,但孩子们善于把父母理想化的心态却为他们的理想主义情结埋下了种子。这种倾向对于任何情感承诺都是不可或缺的。孩子此后所有坠入爱河的经历都将沾染同样的色彩,即将所爱者神化的愉悦:唯有心中至爱者才如此迷人如此可爱。这便是爱情造就的奇迹:男男女女在彼此身上发现了绝对独特、珍贵、无与伦比的魅力。根植于童年期家长崇拜的理想主义倾向将维系孩子成年之后一生的爱情。父母彼此间以及他们对于子女之爱是稳固的。这一稳定性在孩子儿时的体验中无异于一种永恒。这种童年时期的精神遗产将影响着孩子成年后情感归宿的选择,并支撑起他心底的信念:一旦情感有所寄托,有所付出,它将会绵延一生。

　　对于父母的理想化情结也会部分转移到其他形式的情感中,如师生之情、莫逆之交,甚至是同陌生人的萍水相逢之情。因为父母之爱,也因为爱着父母,外面的世界才呈现出无限纷繁的可能性。于是,孩子能够不畏艰险,投入每一段情感,并且在忍受失望的同时依旧保持忠诚。他的性格由此被锻造出一种对于人际关系的忠贞,这种忠诚度不因小小的波折或挫折而损减。孩子开始愿意和陌生人接触,并且对于在这种关系中发现弥足珍贵的东西持有乐观的心态。

　　同样重要的是,孩子对于父母的依恋最终会在对于抽象观念、理念和理想的发散思维中重演。通常,父母的习惯也会成为孩子的直接偏好,对于父母爱好和信念的特殊记忆也为孩子所珍藏和信奉。因此我们发现很多人虔诚地爱着自己的宗教、国家和伦理价值,只是因为这些是他们的父母珍视的东西。通过秉承父母的信念,他们感觉自己和父母的距离更近了(尽管事实上他们和父母也许天各一方)。因为彼此共享对于有价值的理想的情感付出,父母对于孩子的爱被外化并激活了。这便是浸润着父母之爱的价值观的传递。

　　实际上,一切理想主义的根源在于孩子对父母的理想化,尽管被理想化
22 的父母和现实中的父母大相径庭。譬如有的年轻人心怀"拯救世界"的热情。这种青少年典型的心理状态源于亲子之爱中的同情、奉献和理想主义

（当然也包括这种关系中的竞争性）；但当青少年的某种信念和父母的观念发生冲突时，这种情结也常常会产生讽刺的效果。

对于父母的理想化也总是诱发青年人的自大情结。正如一个 2 岁的小男孩理直气壮地宣称："我要把尿尿撒向全世界！"尽管周遭世界中爱的信息总是应允他成为"全世界最棒的孩子"，但父母的关爱与温柔也逐渐使孩子对于全能的伟大力量的向往慢慢转变成更为现实的价值观。对于父母以及自己不切实际的过高期望渐渐贬值。这并非父母的责任，现实生活中难免的许多挫折和失败，使孩子未谙世事的局限性很快就彰显出来。

孩子自恃的神通广大与现实中孩子气的不足之间存在着非延续的皱褶层。对此，父母有责任将其抚平。要达成这一点并不难，父母只需在孩子感到无助时伸出援手，但同时也要维护孩子极强的自尊心，因为在父母心目中自己的孩子也是最能干的。这一点在婴儿期最为明显，但实际上却会在孩子进入青春期之前甚至之后更漫长的过程中都有所体现。

孩子在一天中通常要面临无数次两种极端的情感体验，即无限的快乐与爱以及无尽的悲伤与恨。父母在其中所扮演的角色常常将两者糅合在一起。父母当然乐于这样做，因为他们知道孩子需要他们这么做，也明白为了孩子这样做值得。然而这样的角色却会令父母在情感上焦头烂额，精疲力竭。尤其当家中有几个孩子时，照料他们的大人自然也需要更多的支持与鼓励。

孩子也从中获取了对于自己的认识。这一认识将恒久如初，不因现实中的成败得失而转移。这也构成了个体自尊的价值内核，并且在此后孩子身上的多种品质中反映出来，如失败面前的举重若轻，磨难之中的泰然自适，重压之下的从容不迫。孩子开始学会在生活的起起落落中保持自己情绪的稳定性。这对他们心理调适能力的成长有着非同寻常的意义。

父母从孩子身上收获的乐趣也为孩子的成长提供了养分，孩子们逐渐接受了这样的事实：他们事实上并非整个世界的中心，也许至多只是父母生活的中心，而且这仅是就宽泛意义而言的，并非意味着他们就此可以如神灵般掌控父母的一举一动。所有这些经验都会对入学前期孩子的性格形成有所帮助。

23

学习生活的准备

准备上幼儿园的孩子就像站在人生的十字路口；他总是黏着父母，但又即将迈入一片更广阔的天地。孩子已经为此作好准备。自始至终，孩子在学龄前和家庭成员建立起来的深厚的情感关系以及在成长过程中对于人际关系的点滴心得共同构筑起他们性格育成的摇篮。孩子一旦到了上学的年纪，他便基本具备了对于温暖、想象、责任以及个人前途的意识。

家长们必须认识到，孩子的人格此时虽粗具雏形，却极易倒退或是受到伤害。人们很容易观察到，面对日常生活中的压力，幼儿园孩子的反应会退化到婴儿期的状态。这样的情况在一天之内也许就会反复发生多次。孩子的内心世界会分崩离析。然而即使这样，个性成熟——这一生命存在的精神内核会催化并激励着他，使孩子在人生道路上不断前行。伴随着间歇性朝着婴儿期的退化，孩子性格成长依旧保持日渐圆熟的发展趋势，这种成熟也会因为父母的相伴左右而得到强化。

在婴儿期孩子们和养育关爱自己并赋予心灵安全感的父母之间建立起了亲密关系。经历这一段时期，孩子入学时所形成的性格特质已经发生转变。在满足孩子成长过程中的生理需求的同时，父母也需要为孩子日趋成熟的心智提供支持，尽管他们有时也未尝意识到自己在这方面已经给予孩子帮助。

我们也发现，父母的帮助只能满足孩子的基本需求，而现实中，完美的状态总是难以企及的。生活中的意外事件使得父母不可能时时相伴孩子左右。通常情况下，只要基本需求得到满足，对于种种不完美的状况，或是父母援助的姗姗来迟，孩子往往显示出很强的适应性。无须赘言，这一时期在孩子生活中所要弥补的，不是生理上，而是心理上父母的角色缺失。当父母看到自己和配偶以及祖先的DNA在孩子小手和鼻子中，尤其是孩子的性格特征中——彰显时，他们总是感触很深。这常常强化了孩子与父母间所建立起的双向的情感纽带，正如怀孕、分娩、生产和哺乳的体验会加深母爱。只要人类不乏责任和奉献意识，并在需要时伸出援手，每个人都有可能出类拔萃。父母所需做的就是对孩子作出回应，就像任何一个为人父母者所做的那样,因为爱孩子是他们生命中最重要的事。值得庆幸的是,"幼吾幼以及人之幼",很多人对别人的孩子也乐于付出自己的爱;然而,可悲的是,一部分生身父母却将自己的亲生孩子拒之千里。

当婴儿期画上句号的时候,孩子已作好了求学的准备,因为性格上的日臻成熟已使他具备了连续几小时进行自我管理的能力。这是一个饱含温情的过程,即使外在父母形象缺失的时候,和父母建立起的情感纽带也会继续由内而外地影响着孩子。紧随其后,从幼儿园到少年前期的阶段中,这一情感成长不断得到巩固强化。孩子刚入学时,他处理兴奋、挫折和犹疑的能力仍相当有限。上学的时间不能太长,老师必须不时介入,为"濒临崩溃"的孩子扮演起替身父母的角色。初等教育的功能在于通过教育本身,扩展和加强孩子建立人际交往的能力,给予他们一个脱离父母逐步行使有限独立权的机会。

当然,孩子始终都在学习。这种学习在初等教育之前就已经比比皆是,但并非严格意义上的教育。无论是婴儿、幼童,还是 4 岁的孩子,他们所学所悟的既有个性的,也有普遍的,并且无法和玩耍割裂开来。小孩尝试着完成人像的绘制以传达留存其心间的行为与情感,就是最好的例证。在绘图这一平台上,肌肉运动能力、视力以及创造力三者交织在一起。孩子由此获得对生命的新发现,它既对全人类普遍适用,亘古不变,同时又是属于孩子自身独一无二的感悟。孩子有一种神奇的力量,他们能敞开心扉去拥抱大千世界的无限可能。

孩子 6 到 7 岁的时候,神经系统的发育已为他们开启了另一种学习过程。孩子的思维变得更具现实性。他开始具备未雨绸缪、超前思维的能力;他已经学会学习并渐渐明白这个世界是由相互联系、相互牵制的体系构成的。孩子认识到外在客观世界有着独立于人的意志以外的固有法则,把握了这样的规律后,他们自然也明确了自己在世界的定位。他们乐于臣服于外部世界,服从于权威以及适用于所有人的法律体系。对于这个年龄阶段的孩子,大人们可以渐进地传授给他们一门特定学科:一项技艺,一种信仰,一门诸如历史或数学之类的学术领域的知识等。孩子会为自己的勤奋苦读而备感自豪。由此,关于工作的观念开始形成,它既可以是成年人实实在在的体力劳动(比如收割),也可以是为某个目标而用功(如学习阅读)。

"我就是金刚!""我要嫁给爸爸!"这些曾一度如璀璨的祥云笼罩幼儿心头的奇思妙想,逐渐转化为更切实际的思考。无数儿时的心愿在现实中搁浅,被放逐到漫漫未来。脱离现实的目标就这样被他们抛诸脑后。

学龄前阶段临近尾声的时候,儿童对于生小孩以及小孩本身依然怀有一份好奇心。但是类似男婚女嫁、生儿育女的成人角色目标对他们来说显然是言之过早,故而被束之高阁。在这样的情境中,孩子开始支配和创建属于自己独特的未来。这种创建未来的方式是以抑制个人夙愿为代价的。他们开始为自己的将来作打算。孩子对两者进行权衡后,就会发现与满足一时的渴求相比,从长计议所带来的成就感无疑更为可观。这就是孩子为自己计划将来的起源。他们开始专注做一些未必能立竿见影带来满足感的事情。从孩子不时挂在嘴边,类似于"当我长大的时候"的句子里可以折射出这些显著的变化。

26　学龄儿童的自尊,或膨胀或卑微,多多少少都与理想化的自我成就、种种目标与准则相得益彰。由此,其性格至少在形式上逐渐趋向于成人化。其内在生成了一种类似良知的理念,正如同此前父母所做的那样,这种力量时时关照着他,适时地催生出骄矜或沮丧之情。

一旦人的行为由较为宏大的目标所引领,他往往就具备了成就言行一致、为人正直的品格的前提条件。这样的人堪称忠于自我、本真的人。

临 床 思 考

孩子从出生到入幼儿园会经历一段由生理到心理双重成熟的奇特历程。前述章节描绘了这个过程,它的侧重点在于孩子心智、性格的成长,以及爱心、责任心和乐观精神的培养。职业医师或许会意识到这一切得益于有关本我、自我、超我的结构性观念,以及性心理发育体系框架的探讨。这些实体成形于孩子与外部环境的互动(S. Freud 1917)。此处所指的环境包括父母的态度。父母在照料孩子时所显露出的这些有意识或下意识的态度,从躯体到精神激活了孩子的本能冲动。

通过独处的心理体验(Mahler et al. 1975),孩子在知觉和情感层面都有所成长。心理上的自我保护从原始的投射、内投和分裂(projection, introjection, splitting)演进为自觉获取建立在认识和掌控现实基础上的主动防御(A. Freud 1936)。其思维活动也从初级阶段原始的奇思妙想发展成为更高阶段对现实客观规律的尊重。孩子的内心世界充溢着或正面或负面关于自己与他者的稳定的符号化的形象(Jacobson 1964)。

通常，孩子心中内化的父母之"仁"会在父母不在身边，或是父母暂时变"坏"，或者是让人气恼时提供给他们些许的慰藉(Klein 1932)。这些关于自己或他人的形象，或者说是早期亲子关系中残余的些许回忆与遐想，造就了孩子的性格，转化为一种相对持久的为人处世的行为方式(Fenichel 1945)。这些内化于孩子心中的事物愈坚固，愈真实，就愈能增强孩子在外部世界人际交往中忍耐孤独、接受延迟以及失望等的能力，从而使他们学会面对自己的贪婪、嫉妒、野心以及现实中难以避免的局限性。当一个孩子为求学作好了准备，他便面临着上述这一系列问题与假设。

27

【案 例】

吉尔伯特太太(Gilbert)携 5 岁的儿子特德(Ted)前来求医。面带尴尬的笑容，她向医师解释道："我管不住我的儿子。"特德是一个聪明健壮的男孩，平日里总是大吼大叫，喋喋不休。自从他参加了幼儿园的天才儿童计划，他就越来越好斗、叛逆、不听管教。这些症状还不算严重，但他脾气莽撞，间或对同伴甚至是父母显示出暴力倾向。不过这个小特德也有焦躁不安的一面。他喜欢咬指甲，晚上常常做噩梦，长期处于各种恐惧中(比如对商场保安、除草机的隆隆巨响、电闪雷鸣的恐惧)。

吉尔伯特太太现在已经怀上了第二胎。特德对妈妈几乎总是骂骂咧咧，打打闹闹的，他用尽全力撞向妈妈的肚子，把她唤作胖奶牛(吉尔伯特太太对于控制体重的问题长期以来力不从心)。吉尔伯特太太是家庭主妇，拥有大学学历。她的丈夫是大学教授，也是一个易于紧张的人。她猜想丈夫可能没有时间接受理疗。而她的哥哥曾经是一个出类拔萃的学生，但是却在 19 岁那年从寝室跳窗自杀。此前，他罹患精神疾病已经好几年并且四处求医未果。

在办公室接待母子俩的医师观察到一个惊人的现象：特德对母亲

从情感到肢体的频频侵犯所招来的只是母亲略带焦虑的笑容和有气无力、心不在焉求助的眼神。每当特德推搡或是叫骂的时候，她都会朝医师投去孩子气的一瞥，就好像是在向医师求助一样。医师将自己在这一过程中的情绪反应记录下来：起初，他为特德对母亲厚颜无耻的撒泼而感到愤怒和震惊，心中涌起想要教训一下这个傲慢无礼的小子的念头；然而当他看到母子俩人一块儿的情形，他又突然怜悯起小特德来，并且为吉尔伯特太太对儿子毫不反抗而生气。他甚至有点想亲自打她一顿。

这个母亲——无疑是愚昧的——是一个典型的溺爱者，而特德也是一个典型的被宠坏的孩子。吉尔伯特太太在孩子表现出侵略性时，并没有帮助他尝试着去控制、修正自己的行为，或是令他为此感到羞耻。医师随后成功地将那个一直隐匿于幕后、躲避现实的父亲请到办公室。他惊讶地发现原来这个父亲对母子俩的关系早有清醒而理智的认识："孩子打他妈妈，是因为妈妈纵容他。"然而，对于现状，这位父亲并不想介入，他自认为更像是一个报道者或旁观者。

医师于是尝试着教吉尔伯特太太各种限制孩子敌对行为的新方法。尽管在初诊几周的时间里，吉尔伯特太太尽力依样画瓢地去操作，但实践中她总会或多或少打点折扣，好像她自己对此事也还没能痛下决心，因而特德的症状并无改观。

意识到吉尔伯特太太不能完全按照临床建议的去做，医师单独会见了她，并态度柔和地向她解释道，他一直在思考着是否出于某些私人因素的困扰，导致她无法依照自己的本意恰如其分地控制孩子带有攻击性的行为。吉尔伯特太太泪眼蒙眬，低声嗫嚅道："我知道可能由于这个。"医师于是表明了心愿，希望通过增加对她的了解帮助她一起逾越这个难关。他话音未落，吉尔伯特太太已经忍不住打开话匣子，倾吐出自己唯恐特德会像他舅舅一样过分聪明，却最终毁了自己也伤害周围的人。

在此后的几次交谈中，她接着讲述了自己童年时是如何笼罩在哥哥得病的阴影之下的。他总是大吵大闹，脾气暴躁，不时用拳头将她打倒在地，而父母在这种时刻也往往爱莫能助。

于是，在她内心深处，一种痛苦的想法油然而生：父母之所以宽容哥哥的行径全然是因为比起自己来他们更加珍视哥哥的聪慧,因而他们愿意眼睁睁看着他欺负自己的亲妹妹。她觉得自己的青春年华被当作哥哥疾病的一种献祭品。而哥哥的自杀则永远为他戴上了殉教者悲壮而神圣的光环。正因如此,她自己也从未细数那些苦难岁月里的绝望与怨恨。

吉尔伯特太太也不曾意识到自己现在的家庭中一出惊人相似的伤痕剧正重演着——面对拥有超群智慧但同情心少得可怜的男性,她只是被动地忍受他们的暴力,期待着有人能够拯救自己。如同当年她的父母,现在她的丈夫也在袖手旁观。她自称也意识到了这一点。不过她还是习惯于在很多方面依赖她的丈夫,就好像他是爸爸而自己还是个孩子。

与这次诊断同时,她开始重新审视特德:他不再是一股强势的、可怕的、专横的力量,而是一个被自己的气愤、妒忌、焦虑之情压倒的小男孩。随着她对自身攻击性情感之合理性的认同,她对儿子攻击性的评价也就更具现实性。渐渐地,在和儿子相处的过程中,她的一言一行都呈现出更为坚韧的一面。

而今,在和小特德的交流中,她学会运用各种方式教会儿子如何避免伤害他人。同时,她对儿子的关爱与理解也日渐深厚。和母子俩再度见面时,医师还帮助特德学会以更恰当的方式表达自己的情感。在此次这个3人共同参与的诊疗中,特德画了炸弹和打斗的动物,并且特别仔细地画了一朵独特的未受雨水浇灌的花,"因为其他花朵都在这片土地上如雨后春笋般破土而出。"

特德的例子告诉我们,孩子下定决心克服恋母情结以获取所需的良知和理想,这对孩子自我形象的塑造意义非凡。治疗初期,特德不是一个讨人喜欢的孩子。他甚至对于把自己变好根本就不感兴趣。他心底里甚至不想改变自己,不想成为一个受欢迎的孩子。他只是将这内在的挣扎投射到外部世界,通过攻击外界"警卫"以引发强势权力对自己的反击。

吉尔伯特太太的话语给了医师诸多启示,她实际上为自己的哥哥所倾倒。对他,她又怜又惧。而她对于自己女性角色的定位则染上了些许想要臣服于强势男性的受虐狂式无意识的幻想。然而这种被动之下也隐藏着一种伟大——唯有她，秘密的强者，才能够容忍哥哥的谩骂，这在某种程度上是只有她才经得起的考验。由于内疚感作祟，吉尔伯特太太过于善良——对于被自己深深压抑的侵略性心怀恐惧，同时又对自己心底浪漫的想法羞赧不已。她不敢为自己谋取任何东西。

特德在成长过程中对母亲的控制和占有欲激化了这一冲突。她无法阻止孩子的攻击性，于是只能被动地屈服和接受。孩提时，她曾为自己的需要分散了父母对哥哥的关爱而羞愧；而今，妈妈怀上第二胎又使特德捕捉到了父母想要第二个孩子的证据，这让小特德有了一种遭受背弃的感觉。这更令吉尔伯特太太内疚不已。也正是出于对特德可能杀死这个未出世的孩子的恐惧，吉尔伯特太太才带着孩子寻求疗救。特德此时正身陷生殖崇拜的自大中，而母亲对自己的威力受气包式的逆来顺受迷惑了他的同时，更纵容了他。

这次治疗的意义并非是把所有的问题和盘托出或将其一劳永逸彻底根除，而是在于吉尔伯特太太终于把长期压在心头的关于她和兄弟及父母情感关系的部分困扰倾吐出来。这本身就有利于她把过去和现实加以区分、梳理，以缓解她自我保护式过分激进的压抑与强迫。这样一来，她便能更为自如地应对儿子的自大，而不是被孩子的脾气所唬住。这种全新的交流方式也促使特德将母亲的约束内化为一种自律，以控制自己因恋母情结而产生的嫉妒，同时，尽管妈妈再度怀孕对自己的地位构成了威胁，但他也已学会象征性地表达出对使自己变得更可爱的急迫心情。自然而然地，特德实际上已经成为一个更乖巧，更讨人喜欢的孩子了。

这个案例向我们展示了父母精神世界的冲突可能会阻碍良好的亲子关系的建立，可能会导致孩子额外的焦虑，并影响其行为举止。通过治疗，父母能够更有效地控制(同时也享受)孩子的行为，这样也会促使孩子更为独立，更为自律，并且更善于表达自己的情感。

同时我们也看到成功的儿童诊断案例往往也牵涉到父母的问题。好心31 的父母在和孩子相处的过程中，渴望有同仁的交流以做得更好，因此他们希望和心理医师聊天以解除心头疑惑。在通常情况下，父母内心也有着难言之隐，这一支配性的个人困扰往往和现实中孩子的两难处境息息相关。想象力丰富而灵活机动的医师总是致力于启发父母：这两个领域是如何交织在一起的。在这种尝试中，医师也会接受已知材料的引导，而非直接套用孤立的临床案例的既定处方。由此，在其他相关方面，父母也会备感如释重负，尽管治疗本身只针对帮助父母对孩子的需求作出更为敏感的回应。

三　父母的良好权威

性　格　权　威

传统美国梦中的父母形象是坚强、善良而且忠诚的。影视剧中的日常生活里,他们在家庭里的领导地位是鲜明、亲切并且鼓舞人心的。他们热爱生活,关爱彼此以及孩子。这种朴素的付出使他们成为备受尊重的人。他们为自己的辛勤工作感到自豪,并以愿意为此承担责任而感到快乐。他们用自尊面对悲伤,既不会顾影自怜,也不会嫉妒他人。这样一来,人们都想要成为他们这样的人,做他们所做的事。

这些理想化的完美的父母形象自会滋生一种天然的权威,从而造就出孩子性格中最好的部分。父母也许并非才华横溢、足智多谋,他们也许不曾受过很好的教育,甚至他们或许压根就没想过自己在孩子心中所能树立的权威。然而他们的一举一动还是显示出他们对于人生目标的不懈付出,以及对于人生信念的执著追求。

父母在亲子关系中所建立起的坚不可摧的权威,其实质在于信念两字,即对于人性本善的信念,对于孩子成长的力量以及积极发展的信念,对于自
己的智慧、独立、才干的信念。这种权威正是当下许多父母所孜孜以求的。如果想要了解什么力量会提升或耗损父母的权威,我们所需关注的就不再局限于某种特定的技巧,而在于父母的整体精神境界及价值观。父母性格中的这些特质赋予其权威形象以丰富的内涵。

在行使个人权威时,相对而言处于强势地位的父母们的目标何在?最根本的目标,无须赘言,在于确保孩子的人身安全。这一点显而易见。生活中,我们常常目睹这样一幕,幼童即将为潜在的危险所侵噬,就在那千钧一

发的时刻,他们总会被父母一把抱起,从而远离性命之虞。孩子刚刚能够自由活动时还太过年幼,不具判断力,父母在生活中的这种躯体与精神的双重权威便不可或缺。

如果父母决定不让孩子在街上玩,他们就能杜绝这种危险的发生。这一决定对于我们周遭这个危机四伏的大千世界完全是适用的。明智的父母在处理这些问题时往往比较自如,因为直觉告诉他们,要求孩子做某件事往往会招致孩子的反抗,这会让一个渴望事事靠己的小孩怒不可遏。于是,父母宁可去掌控局势而不是去控制孩子本身。不过,父母在情势所迫时还是会毫不迟疑动用一己之力将孩子救离危险之境。父母会阻止小孩引燃房间窗帘,或是在餐桌上朝着祖母掷叉子。这也许能证明为人父母者的机敏和警觉,而并非单纯地表明他们只是比孩子强壮些。不过在孩子年幼时,体力上的优势确实是支撑父母确保孩子平安无恙的因素。在尝试其他手段未果时,大人会牵制住孩子,使他们脱离险境。

即便孩子已经长大,已经具备独立处理财务能力时,为了孩子自身的利益,父母仍会要求他们去做某些事。也许某天放学回家后孩子会对二年级的课程"受够了",但他第二天还是得回学校上课。此时如果碰上内心怀有不确定感的父母,他们往往会被孩子唬住,把孩子当成大人来对待。关于教育价值的讨论随之便会连篇累牍,滔滔不绝。而如果遇到一时语塞或是碰壁的父母,他们也许会为了自己的无助感而产生过激行为,大喊大叫。真正聪明的父母会同情孩子的焦虑之情,温柔地安慰孩子,明天还很遥远呢。

父母和孩子双方都必须尊重现实规律,父母是以确保平安的名义这么做。孩子要接种疫苗,要在晚饭前按时回家,要做很多诸如此类令他心不甘情不愿的事,如果不是有人逼他做,他定会拒绝。然而,必须有人强迫他去做这些事,从而帮助他在生活中建立起健康有益的常规程序,并赋予他一种稳定感与安全感。富于同情心的父母努力在家庭中维持一套理性的组织秩序,因为对于种种可能性的未雨绸缪有助于增强孩子的安全感。孩子会发现,这些规则是用来帮助人们的,当然也包括他自己。

生命的节奏以及父母生活方式带来的音符构成了父母关爱的本身。比如,孩子在每晚固定的时间必须就寝,因为这样他们第二天才不至于昏昏沉沉。孩子们太小不懂事,自己无法做到这一点,所以必须接受父母的监督。

35

孩子对此的反应主要取决于父母做这件事的心情和精神状态。对于严禁自己熬夜的父母和温柔地把自己按时抱到床上的父母,孩子的反应是截然不同的。

鉴于孩子尚年幼,依赖性很强,他们需要父母计划并监管他们的生活,为他们拿主意,帮他们谋福利。父母无需对自己是否有权强制孩子服从自己心存疑虑。正如一个交通警察在道路拥挤时有权分流疏通主干道一样,对此完全没有商榷或辩解的必要,他必须得这样做。

当然,父母迟早要通过自身的权威去帮助孩子学会自我管理,帮助他们逐渐继承父母的角色功能。这有别于用父母权威确保孩子安全。世间并不存在使人学会自我管理的强制性外力。孩子必须发自内心想要这么做,同时得有人教他如何去做。他们需要灵感与信息。这构成了父母权威的第二个方面。

教会孩子自我管理也许是为人父母最大的挑战,必须做到宽容、自律,同时也需要精力和智慧。这样就形成了专家式父母家庭氛围的自然法则和生活规律。父母言传身教,苦口婆心地启发、塑造孩子。这与其说是警察式的权威,倒不如说是睿智长者的权威。打个比方,如果你有一个关于蝴蝶的专业问题要向人请教,你会咨询这方面的专家。他不能"让"你解决问题,但也许他能帮助你,使你最终有能力自己解决问题。

父母所提供的专家式的帮助是建立在成百上千生活经验的基础上的指点迷津,并非心血来潮偶然所得。而孩子所需要的专家,不是科学的、职业或技术上的,而是生活上的。世界为何这样运转?人们又为何这样处事?碰到了瘪轮胎、流鼻血,或是死去的小鸟该怎么办?孩子没完没了的"十万个为什么"象征着他们永不满足的求知欲,想从父母身上获取智慧,也显示出他们乐于掌握外部世界的运作规律,并希望学会控制自身以应对外界的反应。

处于强势地位的父母在必要时运用权威以确保孩子的安全时大多得心应手。如果没有安全的保障,其余一切皆是无稽之谈。通过行使自己的权威,父母们为孩子营造出一个特殊的小环境,身处其中的孩子会在父母的陪伴下探索整个世界。睿智的父母努力避免和孩子的摩擦,减少强加于孩子身上的直接限制。之所以这么做是因为他们深知,唯有通过与孩子的良性互动才能在未来的日子里为自己的权威构建起更持久、更宽广的舞台,为孩子日臻成熟的性格提供引领与指导。这样的互动从根本而言是建立在亲子之爱这一深沉而亲密的关系纽带之上的,而其成败得失则更多地有赖于父母的信念:即这份爱的力量会唤醒孩子在未来生命中的潜能,而这并不是一蹴而就、立竿见影的。性格的育成毕竟是一个长期的工程。

【小插曲】

艾玛(Emma)坐在高脚凳上把捣烂的香蕉砸到地板上。妈妈告诉艾玛不要这么做(也许她这么说时情绪激昂)。妈妈说:"别乱扔食物。"这其实是一句关于餐桌礼仪的至理名言,一条源自权威的处世箴言。此言的目的不在于让孩子停止当下扔香蕉的行为,而是在于促成孩子养成不乱扔食物的习惯——无论今天或明天。人们留意到,父母在传达这些处世哲学时,如果采取的是一种轻松愉悦的态度,那么小艾玛就更能集中精神,并将其牢记在心。但是,此刻,艾玛却为自己发明出投掷香蕉的新技能而沾沾自喜,根本无暇顾及妈妈的建议了。能够控制香蕉的起落是一件多么奇妙的事!这就如同让父母和自己玩躲猫猫一样过瘾,好似那种欺负和控制自己心上人的朦胧而甜蜜的感觉。瞧!妈妈为了捡那些香蕉也上上下下地忙个不停。没错,上上下下的!把事情搞得一团糟原来也这么有趣。小艾玛不由乐不可支格格地笑出声来。

37

如果艾玛的妈妈是一个具有坚定信念的育儿者,她就会相信艾玛在高中毕业前或者甚至是明年就会改掉乱扔香蕉的习惯。性格和善、经验丰富的父母总是能够宽容(甚至是忍受)孩子把食物当作戏剧性的陪衬或是玩物,尽管乱糟糟的景象会让人恼火,父母们依然心知肚明:这就是孩子成长的方式。对于子女,父母们总是感同身受。即便母亲原本想要表现出严肃,甚至是反感的神情,她最终还是会和宝贝一同欢笑。她深知这是孩子成长中一个不可避免的阶段,这个过程来去皆由人。她明白要在短短一个下午根治艾玛扔香蕉的癖好绝非易事。之所以能这么想是因为她察觉到这一过程中孩子的潜能在成长,而她自己对此过程也深信不疑。

父母权威首先彰显出的是他们自身性格的成熟。为了维系在孩子面前的权威，父母付出了耐心、自律、同情与乐观，可谓是殚精竭虑。同时，我们也注意到，一旦父母脾气失控，丧失信念或力量的话，他们的权威也会部分丢失。

父母的脾气

大发雷霆或信心殆尽构成了损耗父母权威最常见的因素。要成为一个完美家长的理想总是可望而不可即。人非圣贤，每个人都有生气、失望、孩子气或是犯傻的时候。日常生活中即使是聪明的父母也难逃此窠臼。但父母的明智之处就在于他们能够不为这些负面情绪所羁绊，可以及时恢复平和心态，回归自己作为一个成人的掌舵者身份。

艾玛的妈妈就是这样一个面临着艰难一天的普通人。面对淘气的孩子和一地的烂香蕉，她迟早会失去耐心。一旦重话脱口而出，黑脸不期而遇，欢乐的氛围也将就此终结。艾玛怔在那里，以一种诧异而受伤的眼神凝视着妈妈。或许是妈妈刚拖完地就发现自己的辛勤劳作因为孩子的淘气毁于一旦；或许她因为厨房的凌乱不堪折射出了自己的狼狈而恼羞成怒；或许艾玛自得其乐地欺负妈妈，让她整整一下午忙进忙出的行径终于激怒了妈妈。妈妈光火了："这孩子是不是故意找茬？"也许孩子显而易见的不成熟，其实际行为和优雅的餐桌礼仪间的大相径庭让母亲顿感自身权威的于事无补，于是母亲崩溃了。这一系列普通人可能都会有的正常反应此刻完全颠覆了她的权威，而此前，母亲为达到培养孩子自我习得餐桌礼仪的长远目标所作的一切积极努力都在顷刻间化作乌有。

同挫折感、焦虑感如影随形的是洞察力的丧失。这一点在所难免。当为人父母者因家庭琐事而屡屡受挫时，他们往往都会为强烈而相互纠结的无助感及憎恶感所吞噬。

如果父母能够理解这些感受是自然的，正常的，并且难以避免的话，这将会对他们大有裨益。与此同时，我们也会注意到这一系列反应的画外音：即它们把父母降低到了和孩子同样的高度。由于内心充满了愤怒，充满了被颠覆及受欺侮的感觉，他们丧失了为人父母者的使命感，会为自己而感到遗憾。就像此时此刻,桌子被掀翻了:父母瞪着高脚凳上的孩子,气恼而伤心地质问道:"你难道就不能善待我一点吗?"

这种精神状态下的父母无疑已经暂时放弃了他们的权威,仿佛已经弯下腰、欠下身和孩子面面相觑。这时的父母已不再是一个睿智的监护人,而成为孩子的对手。他自己就如同一个无辜的受害者。很多大人都曾有过这样的心态。哪个父母没有在一个35磅重的儿童面前甘拜下风的经历?

为人父母者亦是凡夫俗子,大都难逃此劫。这恰是因为亲子之间深厚的情感纽带已在父母自身人格中留下烙印,深入到他们对于愤怒、嫉恨、无助等原始而强烈的负面情绪的内心反应中,并渗透到人情中最为深沉和敏感的部分。没人能像一个孩子那样把你惹得哭笑不得。有时目睹自己的孩子和保姆相处融洽,没有摩擦,父母们常常为自己的行为感到愚昧和内疚。然而这仅仅证明了保姆和孩子之间所建立的联系相对而言较为肤浅,他们的关系固然不错,但远非亲子关系这般亲密深沉。

一个具有强烈独立意识,对人性以及儿童的成长怀有坚定信念的父母,会在自己或愤恨或失落时努力控制自己的情感。而他们也往往是育儿道路上的成功者,他们深知这些时刻中自身所展示的远远不止于性格成熟的那一面。但父母必须通过积极努力达成这一点,尽管在此过程中所需的自我克制不免让他们筋疲力尽。自然,鲜有人能百分之百地抑制自己的情感。因而,很多情况下,怒火中烧或者垂头丧气的父母都是在感情用事。大发雷霆时,他们的一言一行都是出于孩子气的一时冲动,意欲对那个令自己恼火的小宝贝予以反击。成熟的父母会为自己生气时的言行感到懊恼不已,因为他们心知肚明这番言行毫无权威可言,而且还会伤害到孩子。由于这种言行本身就是缺乏自控的体现,因而它们对于帮助孩子提升自控能力毫无帮助。尽管在理智上,人们很清楚这一点,然而碰到实际问题时,他们还是暗暗承认自己发火的合理性,并认为睚眦必报是人类的本性。坏脾气占据了他们的内心。他们会坦诚而直接地喃喃自语,并为自己的言行深感抱歉。

向孩子承认自身的不完美并为此承担责任,父母的这种做法对于培养孩子的性格本身就具有重要的意义。父母的道歉向孩子传达了如下的信息:在自我管理这一艰难道路上,我们风雨同舟。完美是可望而不可即的。父母的道歉实际上重新树立了他作为一个睿智而能干的成人的权威,而不再是一个怨天尤人、满腹怨恨、顾影自怜的人。这令为人父母者重拾真实的自我。父母在发脾气之后的真诚道歉，对孩子而言也不失为是一种心理慰藉。这其中道出了又一大奥秘：人们在怄气与纷争过后如何恢复亲密而相互信任的人际关系。

外部压力的角色

外部压力往往会直接或间接地降低父母的权威，降低他们为孩子提供安全与监护的能力，削减他们对善良本性、个人能力以及孩子成长的信念。可以说任何深深侵蚀一个人乐观与平和心态的因素都会弱化他的权威，因为重压之下的人格衰竭与其说是以智慧和宽容在行事，不如说是把自身退化、降低到了和孩子同一层面。这是人格衰竭不自觉的反应。外部世界的困境会耗损亲子关系中父母的心智，并由此对家庭生活产生最为严酷的影响。

人类苦难的无尽源头——社会动荡、战乱、赤贫、疾病以及形形色色的事故与灾难会使父母觉得自己是无辜的受害者。而事实上，他们也确实是受害者。面对孩子的无理取闹，父母很容易耐心尽失，随后又想方设法试图恢复自己平静的心态。在长期食不果腹、风餐露宿、性命难保的情况下，要保持乐观心情的同时保障孩子的安全均非易事。如果为人父母者尚且不能满足孩子的基本需求，那么要求他们教会小孩控制自己的感情就更为困难了。这种情况下，面对随地扔东西的孩子，父母必然不可能一笑了之，幽默处之了。

现代社会中，父母本身就压力重重，精神紧张，终日风风火火奔波劳碌。这样一来，面对孩子的种种要求时，不堪重负的父母简直就像被生吞活剥了一般。忙碌的家长已在不知不觉中成为现代生活的囚徒。然而他们并非严格意义上的受害者。其自主选择在某种程度上也是一种作茧自缚。他们的内心枯竭了。这样，父母也许会无意中对子女施加负面的道德压力，从而迫使孩子放弃要求他们的帮助。父母不允许孩子退化到婴儿时期的状态。现实中他们自己已经负累重重，此时孩子的无理取闹自然就被视为侮辱、自我放任和一种管理的灾难。这种想法无异于把"成为一个小大人"的要求强加于孩子。而这恰恰是不现实的,孩子必定会遭受挫败感。

生活的重负可能使父母部分丧失对孩子的监管与引导能力,因为这完全取决于时间和金钱的投入,以及对耐心、平和心态的高要求。父母肩负太多的重任,他们又育有太多的子女。这令他们左右为难。他们从不曾为孩子的需求量体裁衣,更没有考虑到要为其需求排个预算时间表。

受害者的感受

父母的权威源于其性格中坚韧、睿智、仁慈的一面。当性格中欠成熟的一面作用于他们的言行,其权威也就打折扣了。此时,父母常常会试图通过一种生硬的努力来替代和弥补。在父母长期身陷受害者心理阴影的极端案例中,这一点尤为鲜明。这些父母总会为一种受伤害、不自信以及满腹怨恨的感觉所困扰。

这种负面情绪的源头根植于父母自己的童年生活,来自他们早期生活里的重大创伤和失落所带来的愤怒和无助感。这些情感从童年时期便为父母们看待自己和整个世界的视角定了型。当然,对另一个孩子而言,即使相似的生活背景之下,若干年后催生出的也许会是截然不同的价值观。不过,问题的关键在于,父母的受罪感是对现实的一种回应,可能事出有因。

有时,人们会将心中的无奈与仇恨用语言、游戏和艺术手法表达出来。这样,他们或许会因为得到释放而继续正常生活下去。然而,另一些时候,种种因素阻碍了这种自我释放,于是人们的伤痛和怨恨虽被暂时忘却,却难以痊愈。也许久而久之,直抒胸臆,或者说情感的自我认同在孩子心中都成了不可接受的事。

深厚而有力的亲子之爱是人们得以在逆境中维系良好的沟通与工作能力的基础,而早期生命中这一关系的缺失是构成人们心理创伤的原因之一。人们也许会说这种关系的缺失本身就是最大的伤疤。人们对于生活剧变以及困境的关注只是为了更好地认识和理解自身所受的伤害。真正的缺失在于孩子生命中没有人能够分担心中的苦楚及情感重负。

由此,我们发现那些在生活磨难后坚强存活下来的人们之间也存在显著的差异。美国现今的中年一代有时会从他们父辈对于大萧条的不同反应

42

中意识到这一点。有些人对于1933年的一贫如洗难以释怀,他们反复对孩子絮叨着自己小时候是如何将衣服放在水果箱里,解手则要跑到外屋的茅房。于是他们的后代对于自己所拥有的一切已无法尽情享受到普通人的快乐了,因为享乐会激起父母的嫉妒之心,他们会埋怨孩子在拥有属于自己的衣橱和卫生间后还不懂得真正感恩。而孩子则注定不会让父母满意,无论他是多么知恩图报,他都无法弥合父母早年因为需求得不到满足而留下的创伤。

　　大多数人在大萧条时期都经历过物质的匮乏,但他们并不一定都对此耿耿于怀。历经艰难的生活赋予他们强烈的自尊心,对世事艰辛的悲悯,以及知足常乐的良好心态。有意思的是,他们和那些苦难之后始终不得释怀的人往往同为手足。他们的社会关系或许一度大相径庭,但都曾在那些困难的岁月里合用"外屋的小茅房"。对那些保持良好心态的人而言,今非昔比。而对另一些人来说,失望的情绪却始终在蔓延、在重演,因为在独立自主性以及人际交往能力方面,他们的自信心严重不足。对于他们而言,要与他人建立起亲密的关系比较困难,因为他们无法认可和表达自己真实的情感,亦不能全然信任他人。这往往会导致不美满的婚姻关系,因为他们始终搞不清楚人与人之间究竟需要什么或可以从彼此身上期待些什么以及获得些什么。

　　鉴于父母的人格往往受控于自身受害者的情结,其权威可能会在实际生活中面临着同孩子持续而激烈的冲突。由于这部分父母对于人性,对于自我及孩子都抱有极其有限的信念,过早地习惯于悲观地看待世界,导致他们再也无法客观地认识这些命题。在他们眼中,一切都是理所当然的,而各种偏激的假设之间又会相互强化。对于孩子成长及经验习得的固有潜能,他们不怀太多希望。于是,他们自然会认为这一切都要靠自己对孩子施加无休止的外力才可能达成,这样一来他们便不得不因超负荷的工作量而精疲力竭。在他们看来,孩子如同一块有待塑型的黏土,而不是一个能够自主观察、学习并自发作出回应的活生生的生命。孩子拥有自己的思维和意志——对这些父母而言,这是一个面目可憎的事实,因为这会危及他们的权威。他们不愿正面看待这个事实,他们不明白这恰是孩子最终走向自我管理和真正自立的力量源泉。

同样的,长期为受害者情结困扰的父母(他们通常对任何疑似于批评的言行都极为敏感),其实通常都会妄自菲薄。他们缺乏自信,也不希望孩子将来会像自己一样,于是他们无法进行言传身教。他们不曾想到孩子会仰慕自己,因此也不会将此作为动力,为孩子作出表率。于是这部分父母别无选择,只能任由孩子自己去经历一些痛苦,因为这会给他们一些"教训"。

这部分父母内心苦涩无助,总是认为自己受到利用,缺乏积极向上的价值观,因而也缺乏足够的权威性。每个人都会在某个时刻身陷人生困境,为愤怒和自卑所掳获,而那些永远感觉自己像个受害者的父母则长久地停滞在这一时刻,无法自拔。当然他们自己不能认识到这一点,也不会为此感到抱歉,更不会试图去改变什么,因为他们无法客观地去看待自己所秉持的人生态度。对他们而言,一切皆是向来如此。

由于受害者情结作祟,父母看待所有事物都带有浓重的个人感情色彩,而孩子对父母之爱的需求在他们看来又仿佛一种特殊的烦扰。世俗默许孩子的软弱,却要求父母自身变得强大,这一点让他们愤愤不平。父母并非愚者,他们也会常常意识到自身对于孩子的权威或多或少有些问题。这几乎上升为一个严肃的论题。其实真正的难题在于,父母的愤怒和被动阻碍了他们在监管和引导孩子成长过程中建立起真正的权威。他们只能与自己的怨气为伴,并决意约束、报复、控制、惩罚、责骂、威胁自己的孩子。他们的口头禅往往是:"让小鬼头见识一下谁是老大","给那小子一点颜色看看","那小子活该"。当然,父母失去理智时冒出这些话来也不足为奇,但是理智的父母会在恢复平静时收回这些话,因为他们知道这些气话毫无意义,而那些为受害情结困扰的父母则深陷此类话语逻辑而无法解脱。

44

临床思考

【案　例】

伯克(Burke)先生带着他 2 岁半的双胞胎儿子来就诊,因为他们实在"太麻烦了"。伯克先生不知所措地抱怨道:"他们没大没小的。"伯克先生自己也才 23 岁,因为背部受伤而领取残障补助金,待业在家。他的这对双胞胎儿子在 5 个月的时候就失去了母亲,于是伯克先生在家承担起照料儿子的重担。伯克太太葬身于车祸。谈到这个悲剧时，伯克先生显然有所不悦地表示，"都是酒精惹的祸。"事发时他和太太在一起，而且他自己也喝了酒。

这场悲剧彻底改变了他。他发誓这辈子滴酒不沾，一心一意把孩子拉扯大。他忙着给孩子喂饭，哄他们睡觉，为他们洗尿布。然而，儿子日渐增强的独立性带给他未曾料想的麻烦。他向医师倾诉自己一直挣扎着教导儿子要当心，要听话。由于他有两个儿子，而自己又有背伤，这对他而言，确实是个不小的挑战。他每天都要花大量时间对着顽皮的儿子大吼大叫："不要这么做！""停下来！"，并怒气冲冲地把他们放进婴儿围栏里，任他们哭闹不止。

45　　　医师注意观察伯克先生和他的儿子。这一家子走进办公室的一刻，伯克先生就严肃地说道，"你们两个坐下来，别跟着我，不许站起来。"话音才落不久，两个男孩已经游离了自己的位子，兴致勃勃地探索起医师的办公室来。见此情景，伯克先生跳起来，示意他们坐到地毯上的空位子，用一种与其说是生气倒不如说是焦虑的口吻告诫他们"最好听话点"。

最后，在爸爸饼干的安抚之下两个小孩终于乖乖坐下。其中一个吃完一块又伸手要第二块，一边嚷嚷着，鼻子里一边还发出哼哼声表示他还吃不够。伯克先生一脸的不悦，声色俱厉道："怎么可以这么没礼貌！"说完便把饼干放到孩子够不着的地方。

医师发现这个年轻气盛、社交狭隘、经验不足的父亲对于一般儿童的情况几乎一无所知，也不太明白良好的亲子互动不仅对孩子的成长有激励和支持作用，而且能避免将不同意愿间的斗争白热化。医师于是建议在每天几小时的日间护理之余，伯克先生也留一些时间给自己，参加一些父母课程，从而对育儿常识能有一个基本的了解。她同时坚持督促伯克先生客观衡量家庭成员的进步，并鼓励他接受孩子的不成熟。

这一系列具体措施有效地缓解了伯克先生的家庭苦难，然而问题依然存在：他的儿子仍然言语"放肆"。据伯克先生描述，有一次，双胞胎中的一个把最心爱的毛绒玩具熊掉到地下室的楼梯底下了。孩子看得到小熊却够不着。孩子激动地朝爸爸嚷嚷道："你最好帮我把它捡起来!"孩子的"放肆"把伯克先生惹恼了。他决定直到孩子学会放尊重点了再帮他把熊捡上来。孩子获悉爸爸的这个决定时忍不住放声大哭起来。

　　医师于是再度解释道,伯克先生用心良苦想要调教孩子具备良好礼仪本无过错,然而他望子成龙心切,他的期望已远远超过孩子力所能及的范畴。为何伯克先生如此在意孩子的"无礼行为"? 令医师倍感惊讶的是,伯克先生居然振振有词道,这是他的"育儿哲学"。尽管他是来征求医师意见,尽管他承认自己对育儿知之甚少,但是显而易见的是,他依然对于应该如何培养孩子抱定了极强的个人意见。父母课程的教学固然非常有趣,然而伯克先生根本不同意课上所传达的信息,他的孩子不能被"婴儿化"。

　　医师意识到伯克先生身上除了信息匮乏之外还有一种什么东西使他对于孩子日常的行为冲动,尤其是他们身上表现出的攻击性冲动产生了一种过度焦虑。她饶有兴致地问伯克先生是如何获得这种"育儿哲学"的。

　　伯克先生平生以自己的父亲为榜样,而他们父子的关系如暴风骤雨般激烈。伯克先生的父亲是越南战争的退伍老兵。从战场归来的他染上很多积习,暴躁、易怒、多疑。实际上,伯克先生从小是在对父亲暴躁脾气的恐惧中长大的。在他的叙述中,母亲是一个以泪洗面、软弱无助的女子。在伯克10岁那年,父母离婚了,母亲回到了千里之外的娘家。伯克难以理解为何母亲不把他一起带走。

　　然而就在那段时间,伯克的爸爸开始成熟了,他戒了毒,并最终成为当地社团的组织者。而今,他已成为一个内涵丰富、极具魅力的男人。而伯克觉得自己永远也不可能企及父亲现在的声名地位。车祸丧妻后,伯克一直收到父亲寄来的钱。伯克感激涕零,对父亲产生了依赖感,终于,伯克认为父亲是自己的好爸爸。

　　医师据此推测,伯克爱着变好后的父亲,那个正直而热心的父亲。然而,在心底深处,伯克的感受却大相径庭。长期以来,伯克总是深陷于一种自卑、焦虑、愤怒的心理状态,他隐约而强烈地感觉到,无论自己

46

如何努力，也不可能使那个在幼小心灵中一度如暴君般的父亲满意。

　　然而，现在要再对这个男人生气居然也成了一件困难的事。人到中年的父亲变得理智、精明，对伯克很仁慈。那个危险而可怕的父亲，那个让人痛恨而畏惧的男人，如同一场被惊醒了的噩梦，而今都化成了朦胧而遥远的记忆。实际上那个一度令人畏惧的父亲并不曾全然消失，而是在伯克和他儿子的关系中顽强地复活了。在伯克和双胞胎儿子的亲子关系中，再现了一个永不满足的父亲和两个泪眼迷蒙、困惑不解的孩子。

　　这段对于父亲毫无头绪的回忆为伯克与儿子的相处方式作了最好的诠释，也揭示了伯克为何歇斯底里地要求孩子尊重他，言行得体，自我控制。每次，他都要求儿子确认自己是一个好爸爸，一个懂得自律的人，就像他要求孩子懂得自我克制，听话懂礼貌做个好儿子一样。而这是一个令人精疲力竭、心灰意冷的目标，因为无论对伯克还是对两个孩子而言，这都是难以达成的目标。

　　而伯克和父亲的相似已不止于此。当医师鼓励伯克多谈谈自己的过去时，他告诉医师自己也严重酗酒。在那场致命的事故之前，他已经多次收到过酒后驾车警告 DUI（Driving Under the Influence）。事实上，他的驾照也曾因此被吊销。伯克先生也许从不曾意识到，自己一度也是一个嗜酒如命的人，后来痛下决心重新做人，成为一个好爸爸，而这一切和他父亲几乎如出一辙。当医师指出两者之间惊人的相似时，伯克先生陷入了沉思。

　　良久，他终于用颤抖的声音回忆了车祸当天的情形。他告诉医师事实的真相。他自己就是那个醉酒的司机。他想急转弯避开一辆迎面而来的小汽车，却因此撞在了树上，于是汽车翻了。他和妻子都被抛出车窗外。他受了点轻伤，而他发现妻子已经香消玉殒。

　　在空旷的道路上，时间似乎突然凝滞了。他蓦地清醒了。他突然意识到，如果要对事故负责的话，自己就要锒铛入狱，而两个孩子也将就此沦为孤儿。于是，警察到达案发现场时，他冷静地告诉他们，妻子是司机。这个谎言没有遭到任何质疑。这个罪恶行径此后却滋生出了善举。他就此发誓今后要做个好父亲。他也从未食言。

接着,伯克先生开始谈论自己的亡妻。此前他一直对此三缄其口。他坦言自己对她的死怀有深深的内疚,他需对此负全责。他承认自己在短暂的婚姻中其实并不幸福。他只是奉子成婚罢了。在妻子故世后,好心人的慰问带给他的总是痛苦而非抚慰。他多么希望人们了解事情的真相,他到底有多坏!

在倾吐了心中所有的秘密之后,伯克先生终于能够直面自己对于妻子去世的悲哀和怨气,以及对于必须独自一人承担所有后果的悔恨。妻子撒手人寰,抛下了他,就像早年他自己的母亲弃他而去那样。他为自己缺失的童年而哀悼,对于自己的儿子也是心有戚戚焉。同时,他也开始以一种更灵动、更幽默的态度审视儿子滑稽可笑的行为,把它视为健康人偶尔的小淘气。他现在发自内心地唤他们的小名肖(Sean)和基思(Keith),而不再是"双胞胎"。他们在父亲眼里已经日渐成为独立于自身以外真实存在的个体,而且两个孩子也各具特色,性格鲜明。

48

这个案例告诉我们,有时父母会对某种"育儿哲学"显示出罕见的忠诚度。这种潜藏的、未经质疑的"育儿哲学"往往源于童年时期的记忆、渴望与恐惧,并会成为治疗中的一大阻力。父母会因此而顽固地抗拒医师开导他们的明智建议。这样一来,医师常常会恼火不已:"这个爸爸是不是白痴?他居然这么想!"

与此同时,逆移情也为我们提供了一条线索解开患者内心挣扎的本质。医师对患者可谓是恨铁不成钢,他们希望患者达到的成熟状态是现实中的患者尚不能企及的,正如同患者父母(在移情过程中)多年前望子成龙、拔苗助长的心情一样。患者潜意识中将眼前的医师视作一种神秘的父母的化身,尽管他其实希望把医师看作和自己父母完全不同的人。

患者的这种把医师看成不近人情的父母的倾向也怂恿并催化医师对患者加以指责、抑制、惩罚或是敦促,而这些措施在理疗过程中往往是不奏效的,就如同它们在育儿过程中会导致失败一样。

父母对某种育儿哲学的忠诚,事实上近似于他们对于自己父母的忠诚,或者说是对父母及自己的某种特殊观念的忠诚。鉴于这种哲学是毁灭性的,它显示出的忠诚是混乱无序的,而患者与其父母的亲子关系则是冲突不

49

断,缺乏契合的。在这个案例中,伯克其实拥有两个父亲,一个是嗜酒如命而又令他又怕又恨的父亲,一个是清醒而理智激励着他奉献自我的父亲。这些非现实的意象,黑白交织的特质推动着伯克先生把自己和儿子也都视作是类似的、刻板的、非现实的存在。对于孩子成长过程中的不完美和时进时退的蹒跚步履,这一观念没有留下任何空间和余地。然而孩子前进的大方向其实始终都不曾改变。

四 培养自律精神

控 制

　　拥有强势权威的父母会阻止小孩在街上玩耍。等孩子长大一点，父母会告诉他们汽车可能带来危险。父母饱含关爱，娓娓道来，因为孩子是他们的心肝宝贝。当孩子成熟之后，与车辆保持一段距离已成为不言自明的戒律同父母的爱一同铭记在心头。鉴于对自己生命的珍惜，以及对现实安全的考虑，孩子已经学会像父母那样处理道路安全问题。回顾往事，对父母的崇敬之心油然而生，并非由于父母那时语气吓人，而是因为他们说的那些道理确实很有帮助、很有效。这就是父母们送给孩子的人生礼物，确保孩子的生命安全，直到孩子长大成人，能够为自己的安全负责为止。

　　一个对自身信心不足的父母面对这样的挑战也许会觉得甚是为难。出于保障孩子生命安全的需要，父母或许会承受巨大的压力，有时他会说服自己，这并非自己的责任——孩子应该"听话"，尽管事实上他们做不到。父母会对监护孩子感到厌烦。这种情绪会让他们对不听话的孩子失去耐心，这也就让监护工作变得更困难了。此时的父母会试图从周围博取同情，他们仿佛在说："看看为了这孩子我费了多大的劲！"然而此处某些东西是缺失的，因为父母似乎并没有真正地尽全力确保孩子的安全。他并未将此作为自己的努力目标。他误认为让孩子听话才是真正的目的。这样的父母与其说是希望掌控局势，不如说是企图控制孩子的意志。结果，孩子自然感到怨恨，觉得受到侵犯，于是更不愿意服从父母了。

　　为受害情结所困扰而精力衰竭的父母对于各种形式的支配和控制都感到力不从心。尽管父母成天围着孩子转，嘴里还大喊大叫地发号施令，但真的要"让"孩子去做一件事还是很困难的。不懂事的小孩时时会将自己置于危险之境地,仿佛在质问父母:"难道你准备不闻不问了吗?"父母见状心中充满了恳求、争论与威胁感,但是在最需要他们出手时,他们却会袖手旁观。父母仅从表层解读孩子的拒绝合作与服从,把孩子当作是成年人。这种情形下,孩子常常会受到伤害。父母则会背转过身,说:"看吧,我刚才告诉你的。"如此一来,孩子不会再尊重自己的父母,因为他们连自己的人身安全都无法确保。

许多善良的父母都发自内心地坚信他们的使命就是通过各种手法让孩子"当心",教他们"服从",令他们"听话"。这在我们的文化中根深蒂固,它出自"人性本善,孩子必须受到管束以远离罪恶"这一关于童年的居于主导的历史观点的残余。而某些育儿经就是这种观念的现实翻版。

毋庸置疑,大多数孩子,甚至是那些最乖的儿童,有时也不太听话,不服从管教。而父母常常害怕,舍弃让孩子学会服从的初衷。他们认为放任孩子不听话,不服管教就是一种纵容——就好像允许小孩虐待小猫或在墙上随便涂鸦那样。纵容本身就是一种权威的缺失,使孩子无法按图索骥,明辨是非,不懂得怎样的行为是对小猫或者对墙壁不好的。孩子亟须父母的引导从而使他们掌握这一系列重要的人生课程,而这是一个漫长的过程。真正的权威要求父母尊重这一过程,尊重现实中因为这一过程所需预知的时刻表。

明智的父母会向孩子透露所有这些信息,帮助孩子理解什么行为对小猫不好,怎样不会让小猫受到伤害。他们会确保孩子不去折磨小动物,与此同时,他们也深知孩子不会自始至终服从自己。对于现实中的责任(不能虐猫)以及孩子严格遵守义务的实际能力两者间的鸿沟,父母必须及时进行弥合。孩子尚小,他的服从往往并不彻底。如果足够走运的话,也许一天之内孩子大多数时间都表现得很听话,而父母并不能要求太多。

那些试图控制孩子,让他们听话的父母实际上阻塞了孩子自主发现、自主学习、自主解决问题的渠道。孩子忙于撇开父母的干扰,于是就会无暇发现真相。我们常常可以看见父母强制幼儿立刻按照他们所要求的那样而不是让孩子以自己的方式行事。孩子尝试接触食物、衣物、盥洗室等,试图弄明白事物的运行规律。但是就在孩子着手之前,父母已经插手阻止了。他们对孩子面对现实及自主学习的能力毫无信心。他们认为孩子摸索的过程会一团糟。孩子的不熟练往往惹得父母手痒痒。"没事的",想要靠自己的能力发现真相的宝宝会这么对父母说。而父母此时会感到深受伤害,因为自己的建议并未被孩子马上采纳。于是他们会报复性地抛下孩子:"好吧,好家伙,你自己搞定吧!"

于是,孩子要不就被扼杀在摇篮里,要不就深陷泥沼中。父母的弃之而去会迫使孩子重投父母的怀抱,孩子毕竟还小,依赖性强。只有当孩子照着父母的意思行事时,父母才能容忍他们。对孩子而言,父母的强势一方面令人窒息,另一方面又是不可或缺的。

人们注意到,这种关联性发生在童年早期是很自然的,孩子注定会经历一段爱恨交织的亲子关系。部分父母自身对于建立比较成熟的亲密关系也力不从心,故而不能将此全然视作是孩子自己的内在挣扎。而部分父母乐于面对问题,并从孩童的角度作出回应。一个精力充沛的两岁儿童会接受这样的挑战,摇身一变成为一个机智多谋、扬扬自得的对手。大量家庭冲突,像如厕训练、睡觉、吃饭、暴力,以及之后的金钱和性问题都可以视作是这一潜在主题的变体。当父母自身权威岌岌可危时,连篇累牍地讨论排泄、就餐、金钱或性的问题都无异于是在浪费精力。父母对孩子的需求作出恰当回应,使他们在积极自主行事的同时,又置身于父母掌控之下,这确是一个难题,因为这要求父母在成全孩子仍有较强的依赖性前提下依然享有一定的自主权。而父母在实际操作中却往往走向极端,或是对孩子实施完全控制,或是彻底放任他们的自由。

54

就 在 身 边

当然,需要时,父母还是得掌控大局以确保孩子是在安然无恙的前提下受到监管和约束。即便一败涂地,父母这一后盾毕竟还是陪伴在孩子身边——父母仁慈、坚强、友善的身影,强化了孩子的判断力,并给予他们坚强的支持。

部分父母不再把自己的角色定位为黏附者,不再陪伴于孩子身边,而只在失败时给予他们精神支持。他会告诉激动的孩子要学会情绪自控,接着父母会转身处理自己的事情。这样做,孩子可能会崩溃,失控。父母则会因为孩子不听劝,背着自己做了不该做的事而生气。然而,事情会发展到这般田地,仅仅是因为父母在孩子最需要他们时转身而去。想要惩罚孩子的怒气和冲动占了上风,而父母的监管原本可以做得更好。

有时候,孩子的品行不端事出有因,大多是因为父母疏于以孩子能够在第一时间接受的方式去行使自己的权威。父母将自己作为过来人的经验贡献出来,但是却没有通过孩子易于理解的方式传达。孩子的过失被纠正了,然而他们并没有受到启迪。此处对于孩子的具体引导——即如何做才是正确的——仍然是缺失的。要做到这一点需要大量时间与金钱的投入,因为所有观念都需要以孩子能够接受的角度去呈现,并最终内化为孩子自己的东西。

【小插曲】

莉迪亚(Lydia)(4 岁)正和父母以及其他亲属在拥挤的海滩度假。周围都是大人,她一人玩得不亦乐乎,用铁锹和小桶堆沙堡,挖河渠。在此过程中,沙子被不断撒向正打着瞌睡的大人身上。莉迪亚并非出于淘气才这么做,她只是在起身拍去大腿上的沙子,或者调整沙滩凳,或者倒空小桶时无意中撒到大人身上的。于是,每隔一会儿,正在太阳浴的父母会恼火地喊道:"瞧瞧你干了些什么!别再把那些沙子弄到我身上了!"每次,她都会淡淡地解释道:"我只是在挂毛巾",或者说她在做别的什么。然而,这招并不管用,每隔十几分钟沙子又会满天飞。最终,爸爸终于怒不可遏,有一种想把莉迪亚扔进大浪淹死的冲动。

在这里必须有一个大人告诉莉迪亚怎么解决她的问题。但是没人愿意花上 30 秒的时间告诉莉迪亚处理沙子的时候要小心。譬如每次她站起来的时候都得先退后两尺(大人得向她示意两尺是多远的距离),然后把沙子从毛巾上抖下来。因为莉迪亚太小了,她的小脑袋对沙子的特性一无所知,对于如何调整自己的行为也没什么概念。

而大人对莉迪亚的唠叨和斥责无济于事,因为它们对于改变事实毫无帮助。结果,莉迪亚把他们的话当作耳旁风,像赶苍蝇那样统统抛诸脑后。

大人的话,虽然响亮而诚恳,但对于增强莉迪亚为他人着想的意识却毫无价值。恰恰相反,这些话起到的只是负面效应,因为它们使莉迪亚逐渐养成了逃避批评而不是积极利用合理意见的习惯。此刻,她获取的信息是:大人认为自己是条害虫,而没有教给她使她停止成为"害虫"的关于沙子的重要一课。她被视为"不听话",因为那些表面上似乎是一目了然的信息,对她而言却是不着边际的。要她独立解决自己的问题太困难了。她需要大人为她把问题分解成细小而具体的指令。

大人监护着莉迪亚的身体,但是却没有和她的思维及感受连线。缺乏对于孩子真实想法的敏锐洞察,大人们的"教诲"也只能沦为耳边风。父母们也许理直气壮,"我都教了她上千遍了",然而他们却从不曾扪心自问他们传递的信息对孩子究竟是否真正有用,是否能让孩子坚持照这些金玉良言去做,把它们消化吸收,成为自己的生活准则。这就要求父母尽力去了解孩子的行为,并且更要去解读孩子的思维模式,这样父母才会明白把何种智慧灌输给孩子。

正 义 与 规 则

56

物质世界的本质以及人际社会行为的要求其实都是可以理解并有章可循的。其中的实例包括万有引力(比如自由落体),或者处世箴言("己所不欲勿施于人")。社会是在人们对于这些物理的、人伦的法则共同认可的基础上建立起来的。这些规则的客观性也恰恰是它们强有力的源头:正义属于每个人。如果你无视这些规则,就将自食苦果。比如,假如你忽略了万有引力,东西就会掉到地上。如果你忽略了处世箴言,就不会受他人欢迎,你连自己都无法认可。

性急的父母总是渴望将规则强加于孩子,并运用规则惩罚自己的孩子。父母这么做激化了孩子内心欲望与外部现实规则之间的冲突,却淡化了规则的美、普世性和有效性。由于规则主要被用作惩戒,孩子会怀着怨恨的心情认为规则是父母或者他人强加于自己的东西。这样会一团糟。孩子并不清楚问题的症结在哪儿,他只是想挣脱一切束缚。

让我们以客观规律——万有引力定律为例。如自由落体,睿智的父母在目睹孩子乒乒乓乓地捧起一大沓盆子时会友情提示他们(从他们多年的生活经验中得出),盆子很快会掉下来。孩子也许不久就会得益于这样一条生活经验,而这一收获会使孩子把父母视作积极的人生向导。

而脾气暴躁的父母会在信息传递的过程中添加一些敌意。一开始,他会把孩子看作是"思想单纯""毛手毛脚"的,认为孩子会为自己的所作所为而"感到遗憾"。父母当然明白孩子不是故意摔坏盆子,但他们还是免不了将孩子的粗枝大叶视作是对自己的一种公然挑衅。如果孩子懂得尊重父母,把父母为了那些盆子所要花费的金钱放在心上,孩子们就会在取盆子时更小心了。而长期为受害情结所困扰的父母则会把任何孩子打碎的东西视作是孩子"粗糙"的表现,然而事实上即便很小心,盆子也常常会被打破。父母把破碎的盆子看成是孩子缺乏良好信念的罪证。

于是在孩子的头脑中,万有引力,这条并非父母发明当然也不能由他们强制实行的法则和父母对自己不忠诚的控诉混淆在一起了。如果盆子掉在地上——事实上这是必然的——父母总忍不住会说:"我早就告诉过你。你却不听。"

怒气冲冲的父母会给孩子留下这样的印象:父母是无情现实的同谋,两者联合起来向孩子施加压力。从孩子的视角出发,父母的敌意,由此引发的孩子的敌意,以及万有引力都被搅在了一起。于是,在孩子眼里,现实本身就是充满敌意的,是他们挑衅的对象。孩子由此养成了冒险、尝试底线的习惯。长此以往,他们真的会变成父母所怨恨的那样:一个粗枝大叶、毛手毛脚的人。

那些对于权威怀有抵触之情的父母,已为自己同子女之争搭建了平台。这些父母会闷闷不乐地屈服于外界权威,因为他们别无他法。他们会对运动赛场上的裁判或者工作中老板的指示产生抵触情绪。他们很反感团队工作,因为团队行为会让他们感觉受了凌辱,而不是令他们活力四射,因而要让他们为了合作的目标而贡献自身力量甚是困难。尽管他们未必是不诚实的,也算不上是反社会的,但是这些父母缺乏赖以成为好公民的特质,即:互动参与、信任和公众精神。他们不愿为了公众利益做任何投入。而团队活动障碍也体现于他们在家庭中扮演的角色,因为他们无法对情感、想法和原则肩负起责任。厌恶权威的父母往往是一个搬弄是非者,或是一个操纵者,他们可能会将这一讨厌的工作转嫁于他人。正如妈妈说的:"等着瞧,爸爸会知道你表现有多坏!"身陷受害情结的父母,尽管心不甘情不愿,却已将这些思维模式和态度传递给自己的孩子了。

笃信自身权威的父母则勇于面对现实,在积极的氛围中抚养孩子,教会他们如何应对生命中的起起落落,悲欢离合。而怀有受害情结的父母内心则甚为纠结。因为他们觉得自己被生活所欺骗,于是满腹怨言。现实就是他们怨恨的根源。即使是客观世界运行法则也被看作是对他们的一种侮辱,是阻挠他们、令他们蒙羞的敌人。当遭遇失败,或人生不如意时,他们会说:"这就是命!"他们是隐匿的反叛者,情愿被动地发牢骚,也不愿更成熟地接受现实。与此同时,他们又自觉无力改变现实。于是,他们坐在边上抱怨连连,而不积极入世,热情地解决问题。

在这种心态下,那些命运多舛的父母会急不可待地告诉孩子:"别老指望随心所欲地过日子。"他们急于惩罚孩子,从而教他们"学会"不可能事事如意。父母也许觉得有义务让孩子通过这种失落感吸取"教训"。这部分父母对于生活这个良师益友没有太大的信心,对于孩子的自学能力也没抱多大的希望。然而婴幼儿至童年期的人生经历其实是最好的老师:屋内一角,结实的地板和咖啡桌,这些看上去有趣却遥不可及的每件东西告诉婴儿,现实是艰难的,铁石心肠的,自行其是的,而不顾及宝宝的想法。然而,内心苦涩的父母却不满足于此,他们坚信孩子是不谙世事的,除非父母将孩子强行推入大千世界。

如此一来,孩子自然会如临大敌,会强行抵制现实世界之法则。父母的这种态度促使孩子去逃避和拒绝这些法则,而不是帮助孩子理解和应对这些法则。父母已把自己的态度全盘灌输给孩子。于是孩子也会被一种愤怒感和无助感所包围,被一种被受害者情结所困扰。

父母如果认为孩子是不可靠的,粗枝大叶的,而且缺乏责任感的,那么他们就会觉得自己有义务惩戒孩子以使他们变好。但这些训诫并不会屡试不爽。因为孩子发现父母本身也不乐于成为这样的好人。他们的言传身教已将自己灰暗的人生观传递给了孩子,而且将他们不愿为他人负责或帮助他人的人生态度也传染给了下一代。父母越是企图将条条框框强行塞入孩子的头脑,孩子就越是认为没有人会自发地按这些规则去做。

59　　　当父母把生活看作是发现奇迹，表达自我，关怀爱人，关注人类的契机，他就会欣欣然将孩子视作含苞待放的并具有无限潜能的小孩。而在另一部分父母眼里，生活无异于造物弄人，无异于强加于自身的累赘，处处充斥着艰辛和义务，只能以殉道精神忍受之，或靠耍小聪明规避之。长久的隐忍与一种长期的对立姿态亲密交织在一起，尽管两者在表面上看来风马牛不相及。牺牲，或者说受害者情结是两者的共同点。

　　如果一个家庭的氛围是建立在受害者情结这种基调上的，那么以性别或年龄层为界的劳动分工就出现了。夫妻之间、父母与子女之间就构成了"罪人——圣贤"的组合。兢兢业业的受害者总是有一个贪图享乐的伴侣或孩子，也许他不明白生活缘何将两者安排在一起，因为从表面看来，两者之间的对立泾渭分明。然而，旁观者心知肚明，圣贤般的父母将孩子或爱侣视作生活中的一大难题，并于潜移默化间将这一态度传递给了对方。

　　在这样的家庭中，孩子常常会吼道："这不公平！"而父母则会狠狠地呵斥道："生活本来就不公平！"他们还会说："别让老师逮到你做坏事！"这句话其实是在鼓励孩子在老师背后钻空子。父母这样做其实是在诋毁孩子，暗示孩子没有自我克制的愿望及能力。同时，这种做法也扼杀了孩子心中的信仰和信任，以及对一切事物所抱有的希望。父母将规则视作监狱的铁栅栏，他们认为这是用来阻挠人、禁锢人的，而非为保障公共正义所设置的合理限制。部分居心叵测的父母出于义务、习惯，或是出于对复仇的畏惧而妥协或被动接受规则与权威。他们之所以相信规则，尊重规则，并非因为他们认可规则是每个人权利的保障。这样，父母就错失了一大良机——强化孩子遵守规则的初衷。孩子也会因此受到怂恿而憎恶规则，并憎恶规则背后的人与理念。

　　在愤世嫉俗或苦大仇深的父母眼中，世界上根本不存在正义，他们无法秉持正义的理念。在他们看来这是一个自相残杀的世界，毫无利他主义、理想主义或高风亮节可言。这固然与生活是否公平无关，但是孩子迫切需要感受到父母是珍视公平，是竭尽所能在坚持公道的。唯有体会到父母坚持

60　公平的努力，孩子才能获得足够的力量去抵御残酷现实所要呈现的诸多人生失落。命运不可能永远都是公平的，但令人肃然起敬的是总有一些人在力争实现公平。正直的人们处处坚持这场勇敢的斗争——无论是在史书

中,在英雄豪杰的故事里,还是孩子生活的社区或家庭成员等普通人的生活中。

理性的父母尽管对于某些具体问题会持有不同意见,但他还是能看到社会权威背后合理的全局性目的。如果他反对,也会有许多纠正的渠道等着他。这部分父母会将自己对于程序公正的尊重与信念传达给孩子。而父母与权威的关系也非常现实:可以说,这是一条双向道。它会传递给孩子这样的信念:权威是个好东西,孩子有一天自己也会拥有部分权威。父母如果情愿牺牲一己便利,也能支持规则的执行,这将会帮助孩子认识到规则的力量,并学会尊重它。

由此,我们发现外部世界在孩子道德育成的过程中扮演着重要的角色。当本地的行政权威未能承担起应尽的职责时,父母就需要艰难地告诉孩子他们原本应该做到。孩子身边的公共机构——无论是学校、警局,还是诊所——均因其可信度和有效性对孩子的性格产生积极的作用。一旦这些机构丧失公道,孩子会觉得受到欺骗和怠慢,由此对于成人权威的信仰也就自然有所动摇。

自　律

对于孩子在安全、接受监督和引导方面的需求,那些对自身智谋有足够信心的父母总是能够灵活应对,游刃有余。他懂得尊重孩子成长过程中存在着的不均衡步调。如果孩子在某一刻表现得不尽成熟,父母亦能坦然接受,欣然处之。

而那些不够自信的父母在突遇孩子的不成熟表现时往往会想当然地认为纪律是最好的处理方法。他们坚称,评价孩子的行为始终当以"应该"如何为标尺,因为孩子如果不按规矩办事的话,父母就承担不起。父母也许会否认自己生气,也许会以大局已定的一颗平常心自居。父母眼里孩子的成长如小步跑,他可以两步并作一步,但绝不允许有半步的后退。但这显然有悖孩子成长的规律。孩子被迫为父母而非自己的问题买单。父母的智能已不能满足孩子的要求。

当然,在诸如团体运动、数学课和欢乐俱乐部等集体活动中,纪律自然是不可或缺的一部分。要带领一个部队,经营一家餐馆,管理一个心脏病学院,纪律本身就是一个奇妙的东西。它所提供的是团结素未谋面的个体并将其潜能最大化的客观框架——无论其产物是军歌嘹亮,救死扶伤,或是研习代数。参与者的个性需服从管理者的权威,并保持秩序井然。然而,不幸的是,某些不愿对号入座的少数派需要纪律的惩戒。并非每一个应征新兵、数学老师或乐队号手都会成功。为人正直的乐队领队、数学老师或院系主任都会尽全力以公正心去应对个体问题,但是整场秀还是得继续下去。

无论管理者多么仁慈,他们都无法做到全神贯注地去弄明白诸如雇员为何不干活的问题,管理者的职责仅是确保工作如期完成。老师带班教学,不可能一整天跟在某个逃课孩子的屁股后面。长官整顿三军,也不可能一直顾及某个涕泗滂沱的新兵,也不会为他提供心理治疗。纪律,以群体的利益为目的,客观平等地适用于每个人。正如每个教师和警官会告诉你的那样,纪律将原本在情感上息息相关的人们割裂开来。或者选择纪律,或者选择亲密,两者不可兼得。惩戒者必须保持情感的超脱,否则他会让个体问题乘虚而入,从而干扰团队活动的高效目标。

62 有时,笃信效率至上的人会心存侥幸,认为借助"戒律"可以避免亲密关系中固有的两难境地,而通过对孩子的铁面无私,则可以或多或少地躲避亲子关系中无休止的要求、困惑和不可避免的冲突。有时,纪律之所以不适用于家庭生活,是因为现实生活中,孩子往往就是那个"问题个体",而家庭成员又免不了会受情感因素的影响。现实生活中孩子总是需要一些破例和灵活度,尤其是需要大人对他们的关注。家庭并不会推出使个体受压抑及受束缚的"产物"。因为家庭注重的是其成员的成长和福祉,包括其中每一个"少数派"。这会令人如释重负,因为现实中孩子往往并不能充当称职的士兵和雇员。他们时时会罢工。他们有时还会崩溃,内心彻底瓦解。

这时,管理及训诫上的做法便是敦促孩子忠于自己的职责,但这无助于培养孩子的自律精神。培养这种精神要求人们暂缓手头事务,对孩子支付大量的情感投入。即使乐观估计,自律精神的育成也是一个循序渐进的漫长过程,需要父母付出关爱并发挥灵活性。相形之下,父母对孩子强加的戒律则是一种与此大相径庭的管理行为。

纪律旨在调教的是短期的出格行为,而自律则立足于培育孩子的责任意识,促成他们为人生的长远目标而奋斗,实现真正意义上的自尊,并学会为他人着想。孩子的自律是他和具有自律精神的父母密切互动的产物。这就是父母何以不能将自身权威授权他人的原因。父母个人特质经过亲子之爱的深沉酝酿,形成了孩子性格中的一部分。

斥　责

古希腊戏剧中有一大公认的典型,即一个骂骂咧咧的妻子总有一个不知悔改的丈夫。对于父母而言,这其中却蕴含一个值得借鉴的经验教训。大多数父母无法像圣人般做到怒火攻心时依然保持心如止水。他们大多会责骂自己的孩子,就像夫妻之间常常相互谩骂那样。但我们不得不承认,责骂并不能解决任何问题。这不过是无意识的发泄,只能引发人们相互之间的蔑视,而毫无实际效果。它所能加深的只是人与人之间的孤立感和徒劳感,而叫骂者却常常会觉得:"好家伙! 我是不是在对牛弹琴? 你小子从不听我的!"

唠叨和诟骂是受害者情结的最好佐证。而被骂者也会觉得受到伤害。最终,双方会因这种受害感而同病相怜,但实际上两者并无任何实质性情感沟通,并不能分享什么或产生亲近感。这只是同样感到孤独、失望和悲惨的两个落难兄弟罢了。而对某些人而言,这正是他们建立人际关系的一种方式,一种自我实现的期望。这是他们婚姻和亲子关系中的常态,这就是"命"。

比如,一个12岁的孩子正请求父母同意,想要自己乘公车穿越小镇去朋友家自习。父母抉择的时刻到了,是否同意取决于父母、孩子和许多其他的细节。明智的父母会在种种因素的基础上判断这一行为是否安全可行。父母权威取决于他在评估此类情况时的大智慧。父母是生活专家,他们判断生活中的种种情形就像煤气公司员工读表那样精准。他们审视每个细节后评判是否允许孩子去做这件事。

而叫骂的父母无法基于客观现实作出决定,无法理性地考虑客观情形的安危度。他们习惯性地以一种厌恶的态度去作决定。独自乘车是孩子尚未"挣得"的"特权"。父母提醒孩子:"你怎么向我证明你是值得信任的呢?"

63

于是与朋友的学习计划转变成了父母细数孩子种种不是的契机。这成了一种父母对于自身权力伸张的表达，所招致的只能是无休止的争论。孩子感觉自尊受到了攻击，于是便会奋起为自己辩护。也许父母是对的，孩子独自乘车不太安全。决定的作出完全取决于父母自身，这并非此处讨论的重点。父母之所以会损害自身权威，并不在于决定的内容是什么，而在于作出决定时父母的态度怎样。父母所传达的不是"对不起，只能说这个主意不怎么样"，而是"我不会让你去坐车，因为你不合格"。

64　　无论如何，孩子都可能会崩溃，为自己不容剥夺的坐车权而歇斯底里。这似乎是在告诉大人，他们在和一个孩子打交道。然而，更多情况下，父母会无情地暗示"我说'不'是因为你让大人不满意"，而不会友善地表示"我不同意是为了安全起见。"对前者而言，父母无疑是在挑起孩子的坏脾气，而对于后者，父母是在以坚持维护孩子的利益为首要原则。

惩　　罚

大多数人都承认父母和孩子的敌对有时会升级为辱骂。有时，人们会在商场中的母子俩身上看到这一幕。母亲全神贯注于女装专柜，一转眼，孩子就走散了。随后听到的便是孩子的名字被声嘶力竭地呼唤，接着少不了一顿打骂呵斥。这种情况下，孩子不哭才怪。孩子默默忍受惩罚，但是没过多久这一幕就又会重演。

此处我们所看到的是一个因为探索未知人生体验而注定会触怒母亲的孩童。也许妈妈自己也是这么成长起来的，就在若干年以前。她现在仿佛将自己曾经忍受过的爱恨转而发泄到了孩子身上，但与此同时她又会振振有词道："这是他应得的教训。"

然而，孩子真正学到的其实只是一种对母亲的不信任，以及一种对于投其所好的不情愿。孩子心底探索未知世界的好奇与暂时变"坏"、摆脱母亲束缚的兴奋感混在一起。这就构成了培育坚强的性格的对立面：母亲没能给予他洋溢着关爱的记忆，没能鼓励孩子继续他的探索；相反地，她令孩子只想躲避妈妈，逃避这段不快的回忆。孩子会为挣脱了母亲的羁绊而顿觉如释重负，但同时心中也会若有所失。这一过程削弱了孩子认知世界的能力,使他退化成了一个逃避现实、焦躁好斗的人。

头疼不已的父母想要惩罚自己的孩子,因为孩子惹恼了他们。孩子此刻的行为即便是出于天真无知,也令父母恼怒不堪。此时,父母强调的常是自己情感的需求而不是孩子的情感需求。他意欲加倍严厉地惩罚孩子,因为毛手毛脚的孩子这次跌坏了那副贵重的理疗眼镜,而不是那副便宜的太阳镜,就好像因为父母这次更生气,孩子就更应受到责罚。

在人们的回忆中,过去男人打骂老婆和孩子,即便不是出于任何需要,也并非难以接受,而是习以为常的。而今天,再遇到这种情况,人们就要群起而攻之了。许多和家庭打交道的专业人士发现父母打孩子是毫无建设性成果可言的,然而这一行为直到今天还是合法的、普遍的。

当然,大多数人会采纳如下观点:父母情绪失控是不对的。然而,往往为人们所忽略的是,这样一种观点经久不衰,即:经过深思熟虑和精心策划,有意识地让孩子体验人生疾苦是对孩子有益的。在这种思路下,想叫孩子别碰火锅的父母认为额外的痛苦会让孩子学得更快。当小孩伸手想去碰火锅时,父母就会打孩子的手,喊道:“跟你说过别去碰它。”这样一来,孩子对父母的信任便大打折扣。它令孩子疑虑重重(对父母,而非对火锅),同时滋生一种想去伤害他人的强烈愿望。孩子会认可当场揍人的行为,而他的创伤和愤怒却被潜藏在了心灵的某个角落。他所收获的教训是:人际交往中永远是弱肉强食,适者为王。有时,父母的价值观正是如此,因此孩子受到怂恿后复制同样的价值观也就不足为奇了。

某些父母虽然竭力反对任何形式的殴打,但他们也许浑然不觉,他们对于某些形式的故意伤害却熟视无睹。他们反对施加于孩子躯体的任何伤害,但他们又坚信应对孩子的精神加以磨砺。这就构成了惩罚的精髓。其典型的做法即剥夺孩子的快乐:孩子若不是在某个特定时刻在“狗窝”中受到家教惩诫,父母就不允许孩子从事或拥有自己喜欢的天经地义的事物。

但是仔细审视这一有意识的剥夺行为后,我们会发现一些很有意思的现象:夫妻之间其实也常常会这么做,而这无疑是可悲可叹的。一个通过惩罚丈夫,比如拒绝和他发生性行为,来要求他帮忙做家务的妻子即便不是极其可怜的,那也称得上是很愚蠢的。她理应明白,她的丈夫不是一条有待驯服的小马驹,而是一个有着七情六欲和思维能力、需要受到尊重的人。同样的，一个认为可以通过拒绝让妻子驾驶私家车，不让她听广播从而促使她保持厨房整洁的男人即便不被人视作是某种怪物，至少也算得上是一个蠢蛋。这一系列沟通方式都被公认为是破坏信任、责任感和亲密关系的行为。

但与此同时，往往也正是这些人会心安理得地仅仅因为一个 13 岁孩子没有打扫他的房间而剥夺他观看最爱的电视节目的权利。旁观者也许还会附和地认为父母的这种做法是理智、有益和奏效的。他们认为这一做法确有必要。由于自认为对孩子施加的惩罚是"开导型"的，父母甚至还会以自己惩罚孩子时客观的、直接的、若无其事的态度而自傲，而孩子也被要求以同样的态度去接受父母的惩罚。于是亲子纽带渐渐沦为疏离、不近人情的关系。而日后如果他们的孩子否认父母是自己生活的启蒙之源，父母们则会大跌眼镜。他们会纳闷孩子是从何时起不再把父母作为重要智囊团的。孩子虽然明白了父母无恶意，也知道乱糟糟的房间确实会令人不悦，但同时他也懂得了不能对父母过分动容，不能太过信任他们。

当然，有时确实需要对孩子施加惩罚。一个故意且恶意烧毁邻居车库的年轻人极有可能面临当局的惩戒，因为当局需要确保正义的实现：他们会要求他赔偿经济损失，并部分剥夺他的自由。在法律界限内，和大人一样，孩子应为自己的行为承担社会责任。而社会有权惩罚任何年龄层被证实有罪、有反社会行径的个人。自然，纵火青年的父母应当配合当局，而不是抵触当局的决定。但是父母有责任质问自己，孩子为什么会这么做，并为孩子潜藏其后的问题寻求适当的治疗答案。

67　　然而，大多数引发父母惩戒之心的日常冲突都并非什么罪大恶极之事。更多的只是亲子关系中不足为奇的小挫折与小失望罢了——那些与期望间的落差所引发的挫败感。通常父母为子女或为配偶而感到沮丧的原因如出一辙：他们的不负责任、懒惰、健忘、自私、缺乏自尊、惹人厌、冲动和粗心大意。这些缺点其实是人类的通病，而通过施加惩罚抵御它们亦是人之常情。然而这种抵制并不会因其私人性而带来正义。

父母所确立的合理的目标并非使孩子"付出代价"。父母的目标是使孩子学着能够站在他人的立场去看待问题。父母常常会抱怨孩子缺乏对他人的同情心。如果父母在亲子冲突中总是以一种孩子触犯刑律的态度处之，孩子对他人的同情心自然难有增长。孩子同情心的成长与父母对孩子自我矫正能力的信任度成正比。

习惯于威胁并惩罚孩子的父母们可能没有意识到,除了惩罚,还有许多别的关爱孩子的办法。如果有人认为把孩子抚养成人的过程中可以没有惩罚这个概念,父母会认为这根本是天方夜谭。可是他们会惊讶于这样的事实,全美国有千百万勤劳用功、善良仁慈、彬彬有礼、思想高尚的儿童,在他们成长的过程中,或者说他们一辈子都没有受到过惩罚,一次也没有。

近来,人们通常都反对对孩子施以严厉的惩罚,无论这种惩罚对他们意味着什么。但很多正直的人们依然坚称惩罚本身是个不错的想法,或者说至少是必需的。他们也许从不曾想到,如果没有惩罚的话,生活会更美好。有些家庭总是觉得对孩子就得鸡蛋里挑骨头,不依不饶,而另一些家庭则从不这么做,两者形成了鲜明的反差。于是,有些家庭中,孩子被逼着表现好,而另一些家庭中,孩子自己想要表现好。有些家庭中,孩子总是被罚,另一些家庭中,孩子从小到大从没受罚过。而且每一种家庭都几乎无法想象另一种家庭的存在。

问题的症结似乎在于,父母对孩子信心的深浅——即:父母如果能教孩子怎么做,未来的孩子是否会如同他们所教那样而变得有责任意识、忠诚、慷慨并富有爱心。部分父母始终怀有这份信念,即使在某些艰难的日子里,即使歇斯底里的孩子令大人苦恼不已之时。他们也读懂了弟妹或者陌生人那种不可置信的眼神:他们不明白家长为什么不惩罚哭闹的孩子。但如果你问这些父母为何不罚自己的孩子,他们会告诉你,他们对事情抱有一种别样的看法。当下,他们自然也为孩子的表现而感到遗憾,他们也会忍无可忍。但是他们依旧坚信,从长远的角度而言,额外的惩罚只会把事情复杂化。这是一种更宽广的对孩子以及对生活更有益的价值观,而非一套管理学的伎俩。这也正是对诸如"你的孩子不＿＿＿＿＿＿(填空)时你会怎么做?"等问题的快速回答从长远来看总是不尽如人意的原因。

施加惩罚的父母们总是不太清楚孩子如何学会自我管理。他们认为孩子之所以能学会自我管理是因为父母在孩子表现不够成熟时的反对和阻挠——他们觉得自己怒火中烧的语调多少会起到纠正孩子不当行为的作用。也许父母的反对和阻挠确实会对某些事情有所帮助,但绝对不会助长孩子自我管理的能力。

很多人都承认在惴惴不安、受到侮辱或经历痛苦的情感体验时,无法顺利地完成滑水橇、讲法语或吹萨克斯等活动。但是父母总是认为在孩子已经感觉很差时,通过打击他们会给他们"生动的一课"。他们认为孩子会理解痛苦,或者说施加痛苦能够有助于整个学习过程。

当然,每个父母都无可避免地会有沮丧的时候,都会有报复的冲动。也许有人会争论,直到一个人自己做父母的那天,他才能明白一个人出离愤怒的极限。父母当然有权利对自己的孩子生气,有权利去表达这种愤怒。孩子和大人这时都处于一种近乎疯狂的状态。但父母必须牢记,并不因为他们是父母,他们的愤怒就具备了某种特殊的权威。这里我们所见的只不过是两个愤怒的人,一个大人,一个小孩。父母的权威源自他的责任和大智慧,这两者仅属于他而非他的孩子。然而当父母想要惩罚孩子时,对于自身权威合法来源的认识就被抛到了九霄云外。

在人际互动的过程中,想要让对方受罪的愤怒和冲动是每个人所共有的情绪。愤怒是一个均衡器,它会将整个球场化为一场混战。父母愤怒时想要惩罚孩子时的所作所为,在孩子看来则成了因为父母更为强大,故而能够逃脱处罚的假象。也许孩子暂时会保持沉默,但是这却动摇了他对为什么应该听从父母的合理原因的信念——即父母是为了保护和启蒙自己才这么做的。就好像是告诉孩子要听警察的话是因为他们有警棍,而非他们代表法律。这就会产生事与愿违的效果,因为"强者保护弱者"的原则让位于"强者摆布弱者"。

孩子明白气恼的父母是一时冲动才这么做,有悖于"基于原则"的做法。当然,孩子也知道,父母完全有权按自己的心情行事。但父母的权威是在他们心平气和时构筑起来的。一旦受罚,孩子会忍不住下结论,认为父母的行为是出于愤怒,是想让自己受伤害的冲动,而非出于父母本意中更好的部分。

惩罚显示出的是父母对于孩子渐长的判断力的不信任。这种不信任无论在父母激动或平和时,在耿耿于怀或若无其事时都会有所流露。这构成了一切形式的惩罚所能带来的最大伤害:它宣告了大人对孩子与自身不完美进行抗争的能力已彻底丧失信心。而且,最重要的是,当父母声称他们失望时,孩子的情感也受到了伤害。而这通常也成了父母所作所为的目标。

父母想要伤害孩子其实无可指摘,细细想来,大多数父母还经常会有掐死孩子的想法。那是一个禁区。但是父母值得三思而后行的是,故意伤害的行为最终将对孩子性格的成形产生不容忽视的影响。他们也许是因为难以抗拒而这么做(试问有多少父母不是这样?),但他们绝不能自欺欺人地认为这就是在行使父母权威。

惩罚无异于是在宣称孩子的精神世界太过粗糙,只能以这种强制手段才会让他们有些起色,而这种手段本身亦会加速孩子精神的粗糙化。孩子这次也许会屈从,但这么做并非出于接受了规则背后的智慧。他并没有学着自己作出决定,他只是了解到这么做兴许是对的。对此,孩子可能作出的反应是去钻规则的空子,好像他们收到了邀请函一样。孩子如同是被应允去做他所知道不应当做的事,因为父母的怒气告诉他们:"这是一个战场,人不为己,天诛地灭。"

父母的怒火所营造的是一种相互猜疑的亲子氛围。孩子认为父母的目标就是阻挠孩子的言行,而自己所扮演的角色是看看能逃脱多少管束。惩罚钝化了孩子对危险与现实的认知,而这一直是他们不断受到警告的东西。父母把教孩子必须遵从"现实的目标"与教孩子必须遵从"父母的目标"这两者给混淆起来了。大人总是教育被罚的孩子反省一下"自己做了什么"。但事实上,孩子满脑子都是自己失去了多少欢乐以及父母是如何将这些欢乐统统糟蹋了。惩罚中包含的痛苦令孩子坚信没有什么比得上像成为老爸老妈那样可恨的人那么令自己避之不及的了。

于是父母谆谆教诲的价值也被惩罚的威胁所抵损。惩罚令孩子模糊了一个事实,他们所敬畏的究竟是外在的危险还是父母的怒火。其侧重点由避免愚昧的错误转向逃脱对这一错误的追究。对于孩子而言,他会有一种强烈的感受:如果他逃过了这一劫,他就平安无事了。但是躲得了初一躲不过十五。惩罚影响了孩子对现实世界的危险作出理性判断的能力,同时也促使他们变得冲动鲁莽,消磨了他们未雨绸缪的能力。这自然和父母的期望是南辕北辙的。

惩罚孩子其实是助长了他们不负责任的作风,教导他们即使做错了什么也无需从心底感到难过,因为一旦东窗事发了,父母是首先会让他们感到难过的人。父母觉得有义务让孩子为自己的行为而"后悔",但他们的言行实际上却成功地阻止了孩子由衷地为自己的言行感到忏悔。孩子只会为智胜了父母而雀跃、兴奋。

71   一个孩子也许正站在后院高高的锈迹斑斑的栅栏上,并为自己的平衡能力而沾沾自喜,而惶恐的父母则会惊叫:"赶快从那该死的栅栏上给我跳下来!"此时,孩子会觉得受到了惩罚,因为在栅栏上玩平衡木太有意思了,但父母却把自己的这种快乐给剥夺了。事实上,这并不是惩罚,父母并不是为了伤害孩子而这么做的。他们的本意并非是要剥夺孩子的快乐。他们只是为了避免孩子白白送命。孩子应该以一种安全的方式尽情欢乐。

如果孩子歇斯底里、难以自控(年幼的孩子常常会这样),父母则需要将孩子从过分刺激的环境中解脱出来,让他们冷静一下。有时,这被称作"暂停",而不是惩罚,因为其目的并非意在让孩子受苦,而是帮助他控制自我。

有时,父母会把惩罚视作一种"结果"。但无论结果如何,惩罚的性质实际上有赖于惩罚的内容及作出惩罚的主导精神。可能在某个午后,由于忙碌的母亲无法放心小孩独自一人呆在后花园,于是孩子被迫得关在房间里几个钟头,这当然会比较无趣,因为妈妈没空监护孩子在花园玩乐。孩子无法做自己喜欢的事情,因为他显然还无法在做这些事时确保自己的安全。如果妈妈能温柔地把这一逻辑解释给孩子听,这无疑会对孩子更有益,并更具启迪性:妈妈并不是有意要将他关在屋里以示惩戒,只不过担心缺乏监护必然会导致他丧失部分的快乐。这将会激励孩子竭力向父母证明其自我监管能力以拓宽自己玩乐的自由度。于是,孩子会向妈妈展示,他会远离栅栏,并为自己的行为感到自豪。

如果父母以惯常的唱山歌似的惹人厌烦的口吻教育孩子,那么必然会加深他们因为"丧失"某种"特权"而懊恼的心情,而原本非常有意义的生动一课也许也会毁于一旦。而盘算孩子应得的惩戒已部分构成了父母作出惩

72 罚时的心理状态。孩子不会被这种语言蒙蔽。他们不会考虑自己应该受到怎样的惩罚,他们只是担心妈妈是不是还在生自己的气。父母的怒气降低了她的权威。于是,对孩子来说,这就成了是控制妈妈、讨好妈妈,还是发自内心地想要做得更好的问题。父母的怒火使亲子互动的意义发生了蜕变,从学习如何确保安全转为如何博取父母欢心。

这并不意味着父母在孩子落难时应当左顾右盼,三思而后行。孩子确

实需要父母的援手,这也是父母之所以为父母的原因。关键问题在于当父母插手时如果以一种冷漠的、得意的,或愤怒的态度,意在使孩子感到"后悔"时,那么父母将丧失了赋予其干预以积极意义的权威。他也错失了促进孩子自律精神形成的良机。这就是为什么父母越是热衷于惩罚孩子,孩子就越喜欢以身试法。惩罚越多,违规也越多。经常罚人的父母总免不了一天到晚介入孩子的事情,因为孩子缺乏自律精神。

临 床 思 考

【案 例】

阿尔(Al)10岁那年因为连夜噩梦、斗殴、成绩差、逃学而被学校送去诊疗。在他8岁时被确诊为注意力缺乏症,儿科医师要求他服用利他林,之后阿尔上课开小差的症状有了改善,自控能力也有所提升。然而,过去的一年,他的父亲待业之后开始酗酒了。不久父亲离家出走。父亲的绝望情绪激化了阿尔的病症,药物控制似乎也不起什么作用了。

阿尔的父母曾吸过毒,有过静脉注射的经历。通过康复计划,在阿尔出生前,夫妇俩已成功戒毒。阿尔还有一个15岁的姐姐。

阿尔的母亲,钱德勒太太(Chandler),对于儿子越来越野蛮的攻击性,采取的是通过剥夺儿子的部分权利以示惩戒。有时候,她也会对儿子大打出手(这样阿尔就会更频繁地逃学)。而她对儿子的态度则大多是嘲讽的、冷淡的。在治疗初期,阿尔的母亲戒备心极强,寡言少语,对医师也不太信任。她坚信阿尔只是需要一个比自己更严厉的男人来教训他。"但他爸爸也不是什么好东西。阿尔现在越来越像他爸爸。"

钱德勒太太是服务员,每天工作时间较长,于是阿尔晚上常常没人来照顾。父亲又不知去向,有亲戚曾说看见他露宿街头。医师向他们推荐了一个课后治疗项目。但在测试期阿尔的母亲却和项目人员起了争执,最终拒绝为孩子报名。医师为母亲对儿子及工作人员挑剔、冷酷的态度感到沮丧和愤怒,这已构成了阿尔治疗路上的绊脚石。阿尔是一个机智敏感的孩子,不太善于向别人倾诉自己的困扰,只会轻声道一句"没关系",将所有问题或建议束之高阁。唯一令他焦虑的是他的爸

73

爸,而妈妈对他的这一困扰却毫无耐心去倾听。

医师采取的策略是先鼓励母亲认识到,无论如何,阿尔本身是一个相当不错的孩子,而且孩子十分需要母亲的关爱。他告诉钱德勒太太阿尔确实需要大人对其天性本善的认可。不幸的是,医师的想法起到的只是反效果,阿尔的母亲谴责医师和儿子合谋同她作对。在她看来,医师根本不足信,因为医师已经被阿尔蒙蔽了,她已对医师"一票否决"。

失望不已的医师向主管求助,主管建议治疗的初期目标应该从她对儿子抱怨连连的表面深入到其人格的深层,深入到对其内心众叛亲离、伤痕累累的感受的倾听。医师小试牛刀之后,钱德勒太太显得很惊喜。对自己勇敢戒毒并独自带大孩子的这段经历,医师能够表露出敬意与关注,这令她感动不已。她终于对医师敞开心扉,开始诉说自己的人生故事。

这个疯狂、高傲、冷漠的女人透露了那段不曾诉说的辛酸童年。那时的她生活在继父的铁蹄下,感觉遭到了母亲的背弃。于是,渐渐地,她开始把医师当作心地善良、细心周到、热心助人的好人,并最终接受了他所提供的对于渴求温暖同情的阿尔的建议。母亲的注意力从阿尔的不良行为转移到了儿子对于自己的情感。他的行为渐渐有所改善,而家庭治疗(包括他姐姐)则继续探索着关于失落、悲伤和孤独的种种心理出路。

很多父母都会为孩子不接受自身权威而满腹牢骚。阿尔母亲的冷漠、敌意也是由于解不开的心结。她把对于父母及丈夫的愤怒都撒到儿子阿尔身上,这是出于潜意识中对攻击者认同及随之而来的自虐情结:她不愿承认丈夫的失踪令她感到恐惧,仿佛遭到抛弃一样。她对阿尔的焦虑和被抛弃感缺乏同情。可见,阿尔所接受的惩罚源于母亲的童年、婚姻及内心挣扎。

对于母亲的失职及情感投射(projection),阿尔身陷的是一个恶性循环,就内在而言,表现为他染上了焦虑与抑郁症,而其外在又表现为攻击性和破坏力。这些问题与母亲受伤害自虐的心灵交织在一起,进一步激化了她对阿尔的敌意。

部分父母长期受自卑情绪及受害情结困扰,为自己一厢情愿的依赖感而耿耿于怀,他们极易将这种敌意带入自己行使父母权威的过程,这其中或许还会伴有毒品及性的问题。他们的人格由于一系列性格失调,如过于愤世、妄想、施虐、自恋及临界特征,而或多或少都偏离正常。酗酒青年、性虐待的幸存者以及情绪失常者均有可能将他们的后代当作替罪羊。

这一对抗通常会将原本简单的对孩子在生物学上的诊疗复杂化。这也解释了为何会出现大量对症下药却收效甚微的临床案例。治疗学上的挑战在于帮助父母确认"恶"的种种源头,由此他们会发现孩子之外存在很多其他渠道。"恶"会在移情过程中突然冒出来,从而导致负面的逆移情,而这就形成了解决此类问题的一条线索。

医师为父母提供一个环境上的支持,重塑父母具同情心的(也许在自己童年里缺失的)权威,允许他们通过明智而耐心的医师进行情感认同。之后,父母将会变得对孩子更具同情心,也更善于对孩子"望闻问切"。人们甚至发现,这种情绪下,主管也会动容地聆听受挫医师的倾诉(这个失败的案例!这个坏妈妈!),并对其医疗技艺及长远疗效表达自身的乐观信念。

75

五　从崩溃到合作

要对成长中的孩子作出回应，父母必须考虑的一大问题是：心理成长的过程并非一成不变。孩子骨骼的生长的大方向是唯一确定的：一旦某双鞋孩子穿不下了，我们可以肯定的是，孩子永远不会再穿这双鞋了。然而，与之形成鲜明对照的是，个性的成长是灵活多变的。孩子的心理状态时不时又会退化到婴儿期。孩子的性格可能在短短 5 分钟之内就忽左忽右摇摆不定——这一特点往往因为得不到父母足够的重视而会令人惊慌失措。若能很好地理解这一"反复无常"的现象的本质，父母将会如释重负。当孩子未能作出与其年龄段相符的表现时，父母也就不必再过多自责或怪罪孩子。

崩 溃 的 孩 子

一个快乐而独立的孩子是现代人脑海中理想家庭的组成部分之一。因此大多数初为人父人母者在发现孩子居然还会频频崩溃时总是大惊失色，

惶恐不已。他们从不曾料到事情会发展到这样的田地，也不希望任何人知晓这个秘密。于是，对于孩子的这种情况，父母总是心照不宣，三缄其口。电视节目中也没有类似的情景。然而，当现实中的孩子——那个一分钟以前还那么懂事可爱的孩子，突然歇斯底里，彻底崩溃，并且似乎就此一蹶不振时，父母们也往往为一种无助感所击倒，就像是遭到整个世界的离弃。

这不正是一部典型的为人父母者的受苦经吗？孩子会和祖母或父母的朋友兴高采烈地去动物园玩。但奇怪的是，如果要和父母一起去，他就不乐意了。而一旦真的一起去了，他又乐不思蜀，不肯回来了。面对动物园管理人员的制服，他会害怕痉挛，会呕吐，还会把固位体(牙具)扔到池子里。众

所周知,某些孩子只要经历一些全新的体验,就一定会把一切搞得一团糟。

然而更糟的是,父母常常不能很明确地认识到大唱反调的孩子已经处于崩溃状态。孩子大发脾气这一点很好辨认——尖叫、踢腿、咬啮、愤怒、屏息等等。事实上,当人们能够面对现实时,便会略感宽慰。"这只是孩子一时的坏脾气罢了。"父母会略带尴尬地一笑置之,在旁观者冷酷的目光扫视下挽回颜面,拯救自尊。

而另一部分孩子的崩溃可能以更微妙的方式显示出来,因而也更难辨认。他可能会以举止失常,生闷气,吹毛求疵,小题大做,伤心欲绝,攻击性强,百般苛责,争强好辩,哭闹不止,心不在焉,游手好闲,茫然失措等负面行为展示出来,父母只会将其视作孩子个性中不成熟、具有依赖性的部分。今天早上他很乖,然而现在又突然变得很糟。

不过,当我们停下来细想童年的本质,就不难发现,孩子确实不善于自我管理,不能很好地调节自身的失落感和挫败感。这也是成长的一部分。正如孩子在学着倒葡萄汁时总是不能很好地控制容器一样。要娴熟地、牢靠地掌握这些东西需要一个漫长的过程。

每个孩子其实都有崩溃的时候。他们的崩溃都有着自己独特的模式,而在不同的年龄阶段这一模式还会发生变化。许多孩子会在感到疲倦、饥饿或过于兴奋时崩溃,有时这也会被他们自身的羞怯,及对大人关爱延迟的无法忍受所激发。引发孩子崩溃最为普遍的导火索是孩子的情感受到伤害,自尊遭到打击。而这往往是在父母对孩子发火时发生的。父母些许的不耐烦或反对,无论多么情有可原,多么微不足道,都会如砸碎玻璃般打碎孩子的世界。

部分孩子频繁崩溃,每次强度也较高,而另一些孩子则很少会这样。部分孩子很快就会恢复正常,另一些则需要几个小时甚至更长的时间。精神或心理失常的儿童很容易崩溃,但崩溃本身并非疾病,也不是疾病的产物,它只不过是童年的产物。

有时,我们发现大人也会崩溃,而且频率不低,只是人们不愿承认这一点。诚然,成人崩溃最常见的起因无非是面对一个正处于崩溃状态的孩子——崩溃的情绪是相互传染的。

父母为崩溃的孩子感到不安的原因有很多,但其中最突出的,为众人所公认的想法是：处置如果恰当的话,孩子不应堕入崩溃状态,而一旦孩子崩溃,父母会怀疑自己照顾孩子的能力。他们会认为自己或者孩子身上出了什么问题,或者说两者都有问题。父母显然是把孩子的崩溃视作一种缺陷,一种失败的耻辱。

社会压力也迫使父母无法接受孩子的崩溃。其中最显著的是行政因素对于家庭的影响,这与商业化社会的渗透相得益彰,将家庭生活的侧重点界定为按照议事日程完成任务,收获具体成效。而现代人对于孩子尽早独立的期待也造成了人们看重并希望孩子像个小大人那样拥有早熟的心态。崩溃的孩子自然远远谈不上独立。瞧瞧这孩子,把自己摔在地板上大闹,简直就像个婴儿!

当然,很多父母对于自己生活的安排也决定了他们的孩子必须早日独立。如果孩子做不到,就会造成严重的家庭管理危机。当孩子崩溃的同时,父母听到了闹钟丁零零地响起。形形色色的约会与职责召唤着父母:"我得去银行,我得去看牙医,我要去取车。我要去工作。"而崩溃的孩子正以自己的孩子气直面父母。"但是你没时间做这些。"——慌乱中的父母会自言自语。此刻,父母难免会羞愧,会去要求、协商、威胁、恳求甚至强制孩子"别再像个婴儿"。

不少心急的父母可能会认为通过恰当的手段,能让孩子更早地养成独立精神。他们相信孩子的行为能被改造成与其年龄相适应的样子。这必然会导致父母开始期待并坚持要求他们的孩子这么做,从而使父母能按期完成任务。

社会鼓励忙碌的父母们将处理亲子关系看成是完成任务,这样他们的孩子也能在没有协助的情况下,尽早独立完成自己的任务。这就是现代生活中体制化隐喻的力量,将为人父母者的"职责"等同于产业主管或部队将军。这是非人性化的纪律,是日程表及奖惩所带来的思维模式。

这一模式的局限性很明显,在我们将其理念投入其他亲密人际关系时就会捉襟见肘。试想,谁会以讨论任务、奖惩的模式来谈论风花雪月之事？一个将爱情视作议事日程的人会错失其中的欢乐、激情、愤怒、温柔和荒谬。他会错失这一人生体验的精髓,即人的七情六欲,喜怒哀乐。也就是说,亲子之间说到底也是一种爱与被爱的关系,而不是雇佣与被雇佣,或征募与应征的关系。

让孩子自我管理而产生心理压力的父母实际上混淆了一个事实,即我们要求孩子独立究竟是为了要他们完成某件任务还是为了鼓励孩子养成真正意义上精神的独立? 这两者之间有着天壤之别。事实上,从孩子最终的能动性、好奇心及勇气的角度来看,问题的关键就不在于孩子能多快脱离父母的关注而养成独立性,而在于他能够在多大程度上充分地利用对这一注意力的依赖性。长颈鹿拥有长长的脖子,人类也拥有漫长的童年。依赖性是进化过程中的自然产物,其作用在于使孩子得以从父母那里接受到包括价值观、理想、文化和意义在内的丰富遗产。小孩在穿袜子或清洗玩具时对父母陪伴的渴求其实也为父母耕耘于孩子的精神世界提供了捷径与良机。正是孩子对出生相关权利的正常要求,使其极有可能在被要求独立完成某些事物时乱成一团,最终彻底崩溃。

父母的职责毕竟不能等同于一堆任务,也不应被当作是要求孩子完成任务。它是一个与孩子相处的过程,是孩子走向性格成熟的一段旅途。父母职责的实质往往在事情不太顺当的时候得到最好的体现,就像在工厂和部队中也常常会发生的那样。这时该是父母出手的时候了,也是孩子的成长道路上最需要父母的陪伴的时刻。

父母若能理解,孩子的崩溃或其性格的"反复无常"只是孩子活力与成长的标志,他们也许会释然。崩溃只是孩子重组自己的内在生命使之更趋丰富饱满的独有方式。对父母而言,这也许令人精疲力竭,但这对于孩子而言,确实是其所独有的亲子关系之深厚纽带的表现形式。

在这种时刻,从某种意义而言,孩子正从父母身上汲取能使自己日臻独立的元素。这也揭示了父母为何在此过程中会有暂时被淘空的感觉,仿佛被孩子吸干了似的。即便此时父母处于较空闲的状态,他仍会觉得自己像一块被拧干的抹布。甚至对于那些对自己育儿方法非常自信的父母而言,这仍是一个较为艰辛的过程。

这就是为什么父母在家带孩子要比保姆在同一个家庭带同一个孩子要辛苦也困难得多的原因。在面对保姆时,孩子往往不会以同样的歇斯底里的方式发作。这并不意味着保姆是更具效力的规训者,尽管一个沾沾自喜的保姆或一个不够自信的父母对此理所当然都会这么想。其实,孩子和保姆间的关系与亲子间所建立的亲密无间的情感不可同日而语。与人友善、和睦相处同亲子间亲密的依赖关系毕竟还是两回事。

82 　　父母大可坚信这些焦头烂额的生活片断恰恰代表了他们生命中最好的时光。孩子凭借和父母共享人伦之乐过程中所积聚的力量在自我管理的道路上前行。一帆风顺时，人人都可以带孩子去动物园。但当孩子歇斯底里时，唯有他的父母才能胜任这件事。这是父母为孩子的心智及性格发育有所贡献的时机。尽管现代生活鼓励我们不能容忍孩子在自我管理过程中的反复无常，但是我们明白这些插曲并不意味着病理征兆或管理技能的缺失，这只是儿童护理中唯有父母才能承担和分享的一部分的欢乐与悲苦。

【小插曲】

　　马克斯今年4岁，他母亲正隔着后院栅栏和邻居拉家常。这时邻居家的狗冷不防朝他们冲过来。小狗叫个不停，蹦蹦跳跳向他们示好。事情发生得总是那么突然。狗一边朝栅栏跳去，想要舔马克斯，一边狺狺狂吠。马克斯起初被吓蒙了，接着尖叫着逃到妈妈怀里，呜咽着哭诉他被狗咬了。（实际上，他并没有被咬。）

　　我们所见到的是典型的孩子崩溃时的一种表现。他的个性和躯体都暂时退化到了婴儿期。他不再走了，只是忙不迭地踢腿跺脚；他需要人抱；他不说话，只是大哭。此时要和孩子理论是毫无起色的。他对四肢的控制力、语言、思维及感知能力都退化了。

　　崩溃的孩子暂时无法重拾自我。他已无法辨认事实的真相，尽管对妈妈而言事情是显而易见的：他并没有被狗咬到，他只是受了惊吓，而现在已经安然无恙了。孩子却无法听取这些事实，因为慌乱中的他思维十分混乱。

　　孩子需要父母满足他，以一种他所能接受的方式把事实提供给他。通常，这需要父母的配合，把一切都回归到婴儿期，父母得把孩子拥在怀里，长久地哄他、安慰他，此时父母的低吟浅唱和孩子愤怒的号啕大哭汇聚成了一组音乐，将两者紧紧围绕。此时两者合为一体。

　　终于，孩子逐渐恢复了语言和思维能力。我们发现一开始，一种疯癫、魔幻而原始的思维在孩子脑中取代了常规逻辑。马克斯会说："爸爸将一枪

干掉那只坏狗狗!"马克斯终于又恢复了语言,但其言语依然缺乏理性。与 83
其从字面上去回应孩子的话,还不如选择随他去。她会向马克斯点明事实,
但却不会强迫他去接受。

　　富有同情心的父母的一大特点就是在这种情况下让时间冲淡一切。父
母这么做并非是纵容孩子退化到婴儿期,只是认可孩子在那个特定时刻的
孩子气,由此将生活继续下去。明智的父母会等孩子缓过神来,最终重拾
自我。

　　提供慰藉的一种方法是用语言将孩子的焦虑标签化,于是母亲会对孩
子喃喃低语"狗狗把你吓着了"或者"去,去"。这不是在情感峰值上给予的
安慰(那时孩子听不进任何话),而是在恐惧退去后,为孩子今后类似的经历
埋下心理伏笔。这一心理准备,以及对于自我感受的理解在他的头脑中与
父母抚慰自己的意图,联系在了一起。

　　父母的职责在于帮助孩子增强自己处理应急问题的能力,以便他们接
受外部现实的真实面貌,同时也认可并接受自己的内心感受。这一艰难而
漫长的过程只有在孩子对父母在心理和生理的双重依赖的语境下才可能
发生。

　　人类的婴儿期总是充满着各种感受,但唯有通过亲密的亲子关系,人们
才能将这些情感一一梳理、认可和主宰。而期间最有力的协调机制是父母
的膝头和他们充满爱意的抚慰。新生儿的情感总是和生理需求息息相关
(食物、冷暖、防止跌落的支撑等)。但生理需求的满足一开始就具备了心理
性、社会性、精神性等多重属性。牛奶和温暖带给孩子生理上的满足,而他
的情感满足——舒适和安全感——虽然也来自乳品,却并非普通意义上的
牛奶,而是那带有人情味的母乳。(在此语境中,母乳和瓶装奶的区别并不
在于母乳中的抗体,而是两者给孩子所带来的不同情感体验。)

　　婴儿既需要人情味也需要牛奶,而他和父母之间的关系远胜于一杯乳
品。孩子的主观期待,被唤起的舒适温馨,以及从父母处获得的焦虑的释放
都是表达或接受亲子之爱的渠道,在这条道路上,父母帮助孩子走向成熟。 84
也正是孩子对亲近父母、获得安抚、被父母之爱包围的渴求赋予了父母的出
众智慧和权威。这也是孩子为什么会听从父母而非一个陌路人的原因所
在。在这段亲子互动中,孩子开始学习并逐渐接手这一飘摇不定、永无止

境、里程碑式的事业——自我管理。

退　让

出于某个原因,当一个孩子为了鸡毛蒜皮的小事得不到满足而发作,而这件事恰好又是父母能办得到的之时,我们完全没有必要担心父母的退让会影响孩子的成长。父母对此却通常不太自信。他们往往不愿作出让步。当然,如果孩子所要求的东西是不可理喻,很难办到,或者有百害而无一利的,父母自然不能妥协。这里所界定的退让仅仅是指对那些事情父母可以理性地选择做与不做,是否按孩子的意志行事确实存在争议的问题而言。

有时,父母不愿退让的原因在于他们对孩子已经丧失耐心,企图通过阻挠孩子的心愿而达到惩罚他们的目的。然而另一方面,他们又真心希望作出退让,因为他们不仅会为孩子的不安而感到难过,而且他们相信适当的退让能避免孩子的崩溃(两个理由都相当充分)。然而他们依旧会固执己见,最终拒绝退让,因为他们认为这会纵容孩子下次再犯,孩子会被宠坏,永远长不大。其实这些顾虑有时无异于杞人忧天。

【小插曲】

萨姆(Sam)和家里人逛了一整天州市集会。大家都筋疲力尽地朝汽车走去。萨姆突然想起了刚才骑过的小马驹,兴奋不已,于是歇斯底里地喊道:"再骑一圈小马驹吧!"父母慌乱地面面相觑——孩子对骑马着了迷,他的哭闹使人愈发身心疲累。该怎么办?

85　　爸爸妈妈脑海中掠过种种冲动——他们不想让萨姆失望,他们也并不是累得不能再带儿子骑一圈。但是他们是否应该作出退让?这对孩子有利吗?这会让他们显得言行不一吗?这会放任孩子为了达到目的而永远像个婴儿那样撒野长不大吗?

如果父母说"不",那么孩子会为跑一圈马未得逞而耿耿于怀,闷闷不乐。记忆中永远抹不去这一幕:对自己极度渴望做的事情,父母却以一句无情的"不"断然拒绝。这一负面感觉甚至让亲子间的一切都黯然失色。

如果父母作出退步,孩子对于小马驹的焦虑会得到缓解。孩子会明白父母之所以退让是因为他们饱含同情之心,不愿看着自己若有所失。这会令萨姆心怀感激,如释重负。

当然,如果父母是恶狠狠地作出退让的,孩子会在获胜的同时备感孤立无援。如果父母的态度显示的是他们受到一个大哭大闹的孩子的迫害而不得不缴械投降,那么萨姆有理由感到自己能够掌控父母。他虽然成功地从父母那获得了自己想要的东西,而发现父母不是发自内心地想要给他自己想要的东西。一旦父母退让时让孩子感到他们这么做是因为受到自己一场哭闹的勒索,那么孩子对于父母大发善心的信念就会大打折扣。愠怒中的退让毁坏了父母在孩子心中的形象。这就如同是告诉孩子,他可以拥有小马驹或是父母的颜面,但鱼与熊掌,两者不可兼得。

如果父母温柔地作出退让,实际上是暗示孩子表现差而不能获得奖励,但孩子的愤怒和悲伤得到了适当缓解。当然,他的确表现得很糟。很有可能萨姆对自己不够好的表现已经略知一二。因此他对父母的退让会更为惊讶。这会有助于他认识到尽管自己表现得不尽如人意,他还是为父母所爱着。这一点很有价值,因为在这种情况下,孩子会开始为自己在表现不良时还能得到父母的善意而感到羞愧。这会让萨姆陷入沉思。这会促使他扪心自问,是否配得上如此善良的父母,并发誓自己下次会做得更好。他开始寻求为自身孩子气而忏悔的表达渠道,并对父母的善意心怀感激。

小孩不会在正式的餐后谈话中宣布这些想法。这只是一系列需要不断得到巩固的情感与理念的缘起,但在孩子成为一个慷慨仁慈的人的过程中却是重要的一步,会令孩子对父母感恩戴德,而不是百般去折磨他们。尤为重要的是,这是孩子意识到自己会使父母痛苦的开始,他会为自己的这种行为感到后悔。

孩子不能总是随心所欲。他所求之不得的种种事物告诉他不能为所欲为。没有一个孩子能这么做,因为现实中总是充斥着令人失望的时刻,尤其是当一个孩子渴望长大,渴望变得有力量,却必须面对自己弱小而无助的无奈事实时。崩溃儿童的父母易于认为孩子是一个"暴君",因为要满足孩子的这些需求需要耗费家长们大量的时间和精力以及自律精神。外界强加于父母的角色对于父母本身就是一种暴君式的独裁,因为这一身份对他们而言实属过分苛责。但这并不意味着孩子是"暴君"。

孩子希望从父母那里得到同情、尊重、指引、温柔与支持。孩子们总是需要这些东西,而他们也理应获得。这些东西对人们来说总是多多益善,无论他们受到怎样的善遇——这就是人性。父母无需担心因为对孩子太过仁慈或周到而把他们宠坏。世事艰难,对孩子好一点绝不会毁了孩子,恰恰相反,这会令孩子在面对生活时更为坚强。父母如能对孩子的心灵饱含同情,关爱有加,这其实并不会遏制孩子独立精神的培育。真正削减孩子独立性的并不是父母缓解孩子焦虑、给予孩子欢乐的善举,而是父母想要掌控孩子意志的企图。

当孩子对父母发自内心的关注、尊重、兴趣及关爱的渴求得不到满足,一再被父母搪塞或转移注意力,孩子才会真正被"宠坏"。孩子或是沉溺于对物质的欲求,或是被默许行为不端,以此作为一种得不到亲子之爱的慰藉和补偿。忽略孩子情感世界的父母常常会以物质利益对孩子进行所谓的"收买",于是孩子开始在物质上有所期待和要求。极端的情况下,孩子会认为没有人真正在乎自己的感觉,于是,孩子也不再在意他人的感受了。最终,孩子会变得狡黠世故,唯利是图,并导致他在此后的生命里不再对人情有所希冀,只会在金钱、美食、酒精、权力、声名或其他利己的刺激中寻求慰藉。

而另一方面,纵容子女的父母缺乏关怀孩子所需的条理性和自律性,尽管他们这么做的本意是好的。这部分父母和孩子的沟通总是混乱无序的,因为父母自己的思维也是杂乱无章的。此时父母的意志也是靠不住的。孩子大喊大叫,打断他人,在沙发上踩踏,并不是崩溃的表现,他们已经习以为常。他们这么做并不是出于焦虑,而是以此为乐。他们表现不好却会咧嘴一笑了之。父母亦是熟视无睹。父母因为不能为孩子提供更多的支持、监管和倾听而怀有一种内疚感,故而纵容孩子的行为不端。这部分孩子被宠坏了,但他们对人情依旧保有信念。

有时,父母在对孩子说"不"之后,对于是否还要作出让步总会踌躇再三,担心这会使自己显得言行不一。但事实并非如此。我们发现,在现实生活中,理智的人也会常常改变想法。其实,固执的人在人际交往中往往会受挫。能够在新信息的基础上修改自己先前的意见和立场是一种成熟、灵活和睿智的标志。此处，父母获得了许多新的信息：他发现不让孩子再骑一圈马会对孩子产生多么重大的影响，孩子会因此焦躁不安。父母不必为改变主意而向任何人道歉。他完全有权利这么做。真正会对孩子产生负面影响的不一定是道德上的不一致，或者说双重标准——因为在不同情况中应该运用完全不同的道德标准。在"小马驹"的问题上作出让步的父母拥有正直的价值观，他是为了孩子长远的最优利益作出这番选择。仅仅因为在孩子看来这一刻和 5 分钟之前的情势起了变化并不意味着父母没有恪守自己的价值观。

避免权力之争

不过父母很快就会达成共识，再骑一圈小马驹根本不可能。爸爸的膝盖不好，已经开始疼痛，萨姆的哥哥则急着回家。父母不得不告诉萨姆这个坏消息："我们不能再骑小马驹了。"父母在传递出对于孩子失落心情的同情时越是温柔，抚慰人心，孩子就越急于表达自己的悲伤。通常这会演进成一出长久不息的呜咽——"但我就是想骑小马驹！""是的，我知道你有多想。"于是，在一家人朝汽车拖着疲惫的步子走去时，这番对话毫无休止。

父母愿意宽容萨姆的失望之情，这就将父母之爱与孩子受伤的心两者合二为一。于是即便不能再骑了，孩子还是得到了宽慰。机敏的父母会将此时谈话的重点从"我不准你再骑一圈马"的潜在想法转移成为"我们不能再骑一圈小马驹了"。这是一个悲伤的话题，而无关权力之争，因为父母将不再骑马的决定表达成了一种客观事实。父母的同情心使孩子对现实感到愤怒，而不是对父母生气。

父母的决定转换成了孩子对于外部现实，即父亲患有关节炎、兄长需要回家这一现实的认可。此外，高峰时段交通拥堵等一系列因素也决定了他们必须作出这样的选择。父母不必觉得有义务向孩子细化这一系列因素，也不必为了这些因素的重要性和孩子争执。父母完全不必因为自己作出了这一决定而感到需要为自己辩解，如同孩子是自己的一个危险的劲敌一样。只要父母认为这么做有成效的话，尽可以选择启发孩子去理解作出决定背后的种种原因,或者干脆选择不这么做。换言之,父母拥有评估现实并作出决定的权威。之所以具备这样的权威,并不是因为父母的身躯更为庞大,而是因为他对于当下情境的判断更为高瞻远瞩。是父母的现世智慧决定了他们拥有这样的权威。

基于外部现实,家长宣布"我们不能再去骑那圈小马驹了。"他接受了孩子不快乐的反抗和看似无休止的伤感喟叹。父母在孩子表达悲伤甚至是为了自己婴儿似的歇斯底里感到羞愧(尽管此刻并未全然流露)时,保全了自己对孩子的那份爱与支持。于是尽管无情的现实告诉孩子再骑一圈小马驹是不可能的,亲子之情并未受到丝毫影响。这只是一个外部现实,一切由父母来作决定,因为他们是生活经验的专家,也正是这一专家性将父母和孩子区分开来。

89　　骑马的不可行性成为一个悬而未决的事实。父母通过成人专用的"望远镜",看到了骑马的不可能。因为成人看得比孩子远,虽然孩子必须遵守成人作的决定这一事实本身也可以遭到质疑(当然也确实会有人反对),但骑马的不可行性却仍是不争的事实。在骑马变得不可行时,父母就是权威,而孩子却不是这方面的权威。这也就是为什么当孩子嚷嚷"不,不! 骑马是可行的!"之时,他们的判断可以不予考虑。

命 名 情 感

给萨姆造成伤害并非父母的本意,只是他们想要回家这一卑微的愿望使然。然而,回家前未能再骑一圈马驹确实给萨姆带来了伤害,甚至令孩子崩溃。孩子的浮想联翩极易令他假想父母想要伤害自己。他觉得自己的权利遭到了剥夺,自己受到了惩罚。像很多处于崩溃状态的孩子一样,他的思维中开始带有一点点妄想。他会攻击自己的父母,因为他相信自己受到了攻击。正如被小狗吓到的马克斯错误地认为自己遭到了狗的袭击。这也是孩子天性中善于奇思妙想的一种方式。周岁学步的婴儿跌倒在硬物上,会用怀疑的眼神瞪着那块东西,仿佛在控诉:它袭击了我! 母亲有时也会半开玩笑地附和孩子,以示同情:"坏蛋咖啡桌! 你弄疼了我们的宝贝!"但是母亲愿意分享孩子的幻想并不阻碍孩子日益变得现实,向成熟迈进的有力脚步。不久之后，他就会明白咖啡桌没有生命，不会有伤害自己的意图。但是处在崩溃的边缘，年长些的孩子和大人都会不约而同地回归这种魔幻的妄想：有人在故意伤害我！

当思维混乱的孩子能够用语言而非肢体去表达自己强烈的情感时，他的进步就相当迅速了。父母在此期间也会对孩子的成长有很大的帮助——首先，他们可以让孩子学会控制自己的身体（通常是把孩子放在膝盖上），然后配合孩子找到合适的词汇来表达自己的感受。所有的情感慰藉源自拥抱，而自我安慰则蕴含着对于拥抱渺茫的记忆。父母帮助孩子通过词汇的拼凑表达孩子对于现实的理解。父母也许一开始就预知这个版本会和成人眼里的真相大相径庭。

90

当然，父母无须说谎，告诉孩子自己完全认可他的故事。父母要做的只是同意这是孩子的观点，并且孩子有权持有自己的观点。父母可以说："对，你觉得大家一整天都玩得开心，但没人让你做你想做的事情。你觉得我们都忽略了你，对你不善。"事实上，父母的观点可能是恰恰相反的（事实往往如此）。父母的观点通常更接近客观现实——这个难伺候的年轻人要每个人都在那一天不怕麻烦地取悦他。而现在这一切落空，这个孩子似乎走到了崩溃边缘。

此时，父母通常面对两个水火不相容的目标。一是使孩子承认大人眼中的客观现实（或者说相对客观的现实）的合理性，这样孩子就能够意识到自己的谬误，并当场收获成长。另一个目标是帮助孩子表达自己的观点，这样他们克服自己负面情绪的能力会有所提高。这就如同通过运动锻炼肌肉。此处的肌肉隐喻的就是孩子对于自己情感的认同以及将其付诸言语而非行动的能力。这意味着下一次，孩子即便崩溃，也会更多地体现在语言上而非行动上。未来的日子里，自知之明、亲密人情或权宜妥协也都更有可能发生。

有时，父母不愿帮助孩子把焦虑之情通过言语表达出来，因为他们不想专注于负面的情绪。然而，为父母所忽略的是，负面的事物——即便不被关注——仍然存在，尽管眼下它的存在极为混乱，不易为人所理解。在现阶段，这一情绪只有通过行为而非语言才会得以表达。一个有着激烈情绪的孩子如果对这种情绪无以言表，那么他就永远都会有一种冲动将其通过行为表达出来。他被自己的情绪牵着鼻子走,为之驱动,而非自主掌控自己的情绪,对其负责。假以时日,通过行动而非思考或语言表达情感的习惯会带来满足和回报——比如突然发作的乐趣,放纵自己的释然。这些性格特质的形成本身无可指摘——孩子也不尽明白他们自己的感受,直到去做那件事的一天,他们才会有所感受,但这一倾向阻碍了孩子判断力的成熟。

许多父母的通病在于他们急于求成地希望孩子承认自己眼里的真相,他们由此错失了帮助孩子学着理解和掌控自身视角的良机。父母揠苗助长,太过心急。这只会让孩子用语言去复制父母的情感,而非表达自己的情感。

有时,父母会担心,在和孩子的对话中,允许孩子陈述自己如何受人作弄会破坏他们的正义感——事实恰恰相反,这种危险并不存在,因为孩子真正的正义感只有在他亲身经历公正的过程中才会获得,而非源自父母应允他所诉说的三言两语。不过,最重要的是,父母并没有暗示孩子确实受人作弄,他只是在向孩子暗示可以运用恰如其分的词汇表达自己的情感。父母以中立的态度对待孩子的表述,而非作"引证"。如果孩子煽动妈咪为自己的不公待遇插手(比如惩罚作弄自己的爸爸),妈妈绝不能顺从。父母可以做的是倾听。这并不意味着存在任何客观上的不公,那只是孩子主观上的不公感。孩子的这种感觉确实存在,但有别于客观上的不公正。

受 伤 感

如果孩子的语言能力尚停留在婴儿阶段,他会尖叫、咆哮,用他所能想象的最可怕的词汇来称呼爸爸:"你这个肥猪大蠢蛋!"即便是怒不可遏时,孩子还是那么惹人喜爱,父母都会忍俊不禁。但如果孩子是个精明敏锐的小家伙,他也许会在大发脾气时吐出一句侮辱性的谩骂,这时就一点也不好玩了。在一天即将结束时,一个想要伤害大人的孩子总是轻而易举地就能达到目的。孩子崩溃的本身也会伤害到父母的感情。

画面中,一种敌意开始蔓延——在萨姆和父母之间——这种敌意会损害父母满足萨姆的能力。毕竟,父母所作的决定确实伤害了萨姆,不仅因为骑马本身,更因为萨姆的愿望被无情践踏时他所忍受到的羞耻。这也就是为何对这种时刻的处置尤其需要技巧与温情。但是要让一个觉得受到攻击和未被欣赏的父母表现得左右逢源确实有点困难。

这就是父母自身也会崩溃的原因。他们也会轻易地作出孩子气的应对——以牙还牙。孩子崩溃的时候，也就是在孩子表现出更低龄、躯体性的、自私的、不可理喻之行径的时刻，父母想要伤害孩子的冲动也最为强烈。孩子此时表现得极为孩子气，但已不可爱了。孩子心中满是想要伤害他人的冲动，而他们这时也确实会伤及他人。这时孩子的崩溃极易引发父母同样的反应。太有传染性了！父母经历了剧烈的崩塌，或者说他们自己也表现得太不成熟。父母为孩子付出的一切，为了孩子成熟所作的所有准备，眼前似乎顷刻间都土崩瓦解了。所有的努力都付诸东流了！无怪乎父母觉得自己也想歇斯底里地砸东西了。

此处，因回家的需要而打消孩子的愿望这一客观现实与父母心中的私愤被轻易混淆在了一起。在这种心态下，父母很有可能会说："不，你难道聋了吗？我不会让你再去骑一圈了！"这只会让孩子叫嚷："不，你得让我去！""不，我不会让你去！""为什么不？""因为我这么说！"这样无休止的吵闹，就像是沙盒里的小孩。父母丧失了自己的大智慧，深陷于自己的愤怒以及对孩子的失望中不能自拔。这只会让孩子觉得越发受到攻击的倾向，因为当父母的动机是以一系列不客观的理由和他们的私愤呈现出来时，孩子根本无法接受和理解。父母在剥夺孩子某些权利时如果让敌意占了上风，那么，孩子认为父母得逞的原因只是因为他们更强大些。

丧失对自身控制的孩子可能会很难相处，因为孩子始终处于受伤的阴霾之下。他认为你在伤害他，他会想要报复你。如今，没有一个理智的父母会允许孩子伤害他人的躯体。然而，要克制孩子伤害他人的意图实属不易。孩子有时很擅长此道。孩子和成人一样，在崩溃时常常不知道自己究竟说了些什么。孩子如果对父母说："我希望你去死。"也不足为奇。传递愤怒的话语常常是带有威胁性，令人沮丧或惹人恼怒的，有时这些话甚至令人震惊。被复仇心掳获、带有戏剧性格特质的年轻人往往会表现出这样的假象，他似乎真的像他所说的那样想，并且他好像与生俱来，每时每刻都是这么想的。

为人父母者也都是有感情的人。孩子自己在焦虑不安时，难免也会伤害到父母的感情。如果要父母假装他们没有感情，或是他们对孩子的伤害具有免疫力，这本身就是在否认人际间亲密关系的存在，以此对孩子施行报复。而父母如果告知孩子自己也是有血有肉有感情的人，而且自己也会受到伤害，这将会是非常有益的一件事。这一智慧在平静诉说的过程中往往比愤怒咆哮更具启迪性，而且最好是在孩子的理智足以能够保持时向其传达，这样更易为其所接受。

崩溃孩子的本性与实质在于他们听不进劝告也不具有理性思维的能力，即便他们看上去像是在听你的话。于是在这种时候，要向他们解释其行为的不礼貌简直像对牛弹琴一样令人绝望。当然，他不仅是行为不端，他甚至在伤害你的感情！他此刻几乎已经不是他自己。

坚信自己的孩子品行端良的父母在应对这一切时会说："我忍无可忍，我无法接受这一点！"这就构成了父母甩门和用肥皂洗孩子嘴的背景语境。但父母若希望通过反复强调以使孩子心中的仇恨和想要伤害父母的意图就此消失，那么父母是在自欺欺人。孩子此刻得不到表达的情绪必然会通过其他途径发泄出来。父母如果日日都无法容忍这些情绪通过孩子的语言直接表达出来，那么他们必然会在之后通过直接或间接的途径得以表达——

94 譬如通过对父母的不信任或对其观念的不信任显示出来。

将哭闹的孩子暂时送去休息直到他恢复平静或许会有点帮助。有时，年幼的孩子在走进自己的房间时是号啕大哭、大吼大叫的，但是三分钟后他也许就会喜笑颜开地从房间里走出来。但是要对说错话的孩子施加这种惩罚是行不通的。将孩子送回自己的房间对孩子来说是一种流放，令孩子觉得父母缺乏忍耐自己的力量。因为父母未能克制住孩子身上具有毁坏性的部分，他们也就此丧失了全面控制孩子的机会。孩子嘴里之所以会吐出那些可怕的话语是因为他还不明白怎样去理解那些毁灭性的情感，不懂得如何将其有效地通过至少基本能为社会所接纳的方式表达出来。孩子还无法掌握这么多东西。而无法接受孩子所说的任何可怕字眼的父母不仅未能帮助孩子克服这些负面情绪，而且会令孩子在其他某些方面感觉失落和受到惩罚。这对于达到孩子自我管理的目标毫无建树，并没有给孩子任何有益的教诲（只教会他生了气的父母可能会报复，以牙还牙伤害自己）。

要传授给孩子一些东西，父母必须以一种友善的心情表达，而孩子也必须以一种倾听的心情进行交流。如果这些东西是欠缺的，父母的言传就得延迟。崩溃的孩子需要人去宽容他、包容他、安抚他、保护他。在这种情况下，添油加醋、火上浇油(一旦父母受到伤害很容易会这么做)只会令僵局无限持续。

崩溃的孩子，用律师的行话来说，属于限制行为能力者。他不像在正常情况下那样可以为自己的言行负全责，他的思维缺乏逻辑。孩子在事后回忆时对事情的经过通常只有一个模糊的概念，就好像发高烧的时候做了一场梦。提醒孩子他昨天多么不可理喻就像要求孩子道歉一样是毫无意义的。

孩子自我管理和应对现实的能力不断成长，渐露锋芒。孩子内在的生命力和亲子之爱赋予其个性以日臻成熟的元素。孩子气的反应日趋消退，而更为复杂和成熟的处世方法逐渐成为他的习惯，他的第二本性，成为他的一部分。不过，每个孩子有可能表现出幼稚的一面，正如每个成年人在特定的环境下也会展露出孩子气的一面。想要通过施加惩罚、伤害和敌意去铲除人的这种天性纯属天方夜谭。父母当然会觉得崩溃的孩子的言行举止让人无法接受。诚然，父母将解决问题的目标定在彼时彼地，就在孩子崩溃的刹那想要把问题根除，这无疑是在给自己出难题。这正是在自讨苦吃，等待他们的将是一场硬碰硬的正面冲突。

强化自我管理能力

明智的父母愿意把孩子崩溃的人生片断看作一项失败的事业。他们会尝试着把损失降到最低点，并无意在当下纠正孩子的过失，改变他的行为，或在任何其他方面插手。他们只想为孩子提供安全和慰藉，并希望通过温柔的鼓励克服挫折，继续前行。父母在孩子面前所呈现的是一个仁慈、自立、自律、善始善终的成人形象。他对于孩子长远的自律精神满怀信心。无论是在孩子看似停滞不前的磨难中，还是在那些和孩子一同学习、体验、思考和分享的启蒙时刻。他明白他和孩子间的关系并不是建立在不理智时彼此不好的言语之上，而是基于持久努力中共建的真诚、尊重、柔情与关心之上。亲子关系中，孩子性格中不断成熟的地方得到巩固，而孩子的自我管理能力也被逐渐培养起来。

孩子内在的促成其自我管理能力形成的性格特质十分多元，其中包括他对世界运行方式的理解，他将自己的思想和感情付诸文字的能力以及他认可他人权利的度量。在这些方面中都不够成熟的小孩很容易崩溃。不谙世事的人们总是为其阴晴无常而沮丧。语言表达欠缺的人易于被混沌的情感压垮。而不能设身处地为他人着想的人注定是不受欢迎的人。这些特定细节即便不被纳入考量范围，父母还是会不假思索地在日常和孩子朝夕相处的点滴中确保孩子在方方面面的成长。

【小插曲】

丹尼斯(Denise)和妈妈正在烹制感恩节的火鸡大餐。丹尼斯4岁了，因为家里来了亲戚而兴奋不已。她不断地问妈妈火鸡烤好了没有，但回答的总是"还没有"。因为过度兴奋和不断失望，丹尼斯开始崩溃了。但母亲也在不断安抚她："让我们再瞧瞧烤箱——嗯，不，还没有好。"通过观察发现火鸡还没烤好，这种情况下还不能吃火鸡的事实也就一清二楚了。并非是妈妈要剥夺丹尼斯吃火鸡的权利。妈妈不是坏蛋，只是那该死的现实，又把所有的好东西毁坏了。凭借她和丹尼斯的良好的亲子关系，妈妈帮助丹尼斯面对失望：我们可以帮妈妈把糖撒到甜土豆上；我们能吃块饼干共渡难关；我们可以一起讨论感恩节的故事。

人不能总是随心所欲，于是唯有当父母能为孩子提供一些其他的替代品时，孩子的性格才会真正成熟起来。父母所需提供的，包括物质(一块饼干)、想象(感恩节故事)或者仅仅只是关爱(母亲的膝盖)。在学习应对自己的需求而不致崩溃，最终走向自立的道路上，性格的日臻成熟是孩子从亲子间的密切关系中汲取养分和力量的产物。

临 床 思 考

【案 例】

乔安娜(Johanna)14岁的时候患有一种青少年的"崩溃症"。没有什么紧急情况发生，但她却变得畏缩而内向。她一度离校，在家里嘟嘟嚷嚷抱怨了几周，最后大部分时间都赖在床上。她无法为自己的生活作出选择，即便是最简单的那种。她往往要花上半小时决定该穿什么衣服，是否洗澡或者吃早饭。父母反映女儿确信同班同学都在谣传她是同性恋。

乔安娜有 3 个姐姐，各自在学术或其他专业领域大有成就。乔安娜出生后曾经历一段严重的听力障碍，长期戴着助听器。和她姐姐不同的是，乔安娜总需要近乎苛刻的努力与拼搏才能赶上同班同学。家里既无精神病史，也无吸毒或酒精史。外祖母在乔安娜的母亲 12 岁时死于一场滑雪事故。

起初，家里人到心理医师那去了几次，了解到乔安娜的症状需要得到儿科心理医师的特别治疗。因为这个原因以及关于孩子保险的一些纠葛，治疗日程就被耽搁了几个礼拜。值得庆幸也让人觉得讽刺的是，孩子的病情在这一阶段中有了起色，已经回归学校，并且不再对自己的同学疑神疑鬼。

因此当医师看到乔安娜时，她已经是一个快乐自在却多少有些平淡和缺乏想象力的年轻人。她可以参与正常的交谈，看不出太多听力障碍的征兆，并且也不会因此而紧张。她对自己的病症仅有模糊的记忆，并不能清楚地对其作出描述。她无法想象为何她的同学们会认为她是同性恋，因为之前她从未想到过这一可能，而且认为自己是异性恋。

乔安娜因病耽误了几个月功课，并由于各科老师对其补课事宜的长时期的商榷而备感焦虑。因此医师认为其治疗焦点首先在于缓解她的这一焦虑。但她却反复否认自己的焦虑。尽管她现在很健谈也很配合医师，但她总是小心地避开任何可能会暗示人性黑暗面的东西。这并不会让人觉得她在逃避或自卫，只是对于在她及周围人生命中可能扮演重要角色的自私、愤怒、嫉妒和挑剔等人性特质缺乏自知。

父亲是一个极其温柔、敏感的人，他和乔安娜间的父女关系非常亲密。他是一个专栏顾问，这让他大部分时间都待在家。是父亲带着乔安娜寻访诸多医生和专家，并治疗耳疾。而作为高级行政主管的母亲很少有空关照乔安娜和她的治疗，她的职业生涯要求她付出的太多太

98

多。无论对工作还是其他事情,母亲都勤勉尽责,严谨自律。

从知性的角度而言,父母都认为乔安娜患有精神上的疾病。然而从情感的角度而言,母亲始终以一种超然甚至否定的态度对待孩子的状况,她已习惯于这样的话语:"嗯,如果可以的话,我希望整天睡在床上。"她声称自己不会因为乔安娜的耳疾而宠坏孩子。她也曾一度观察到痛失母亲的经历令自己对于那些终日为了鸡毛蒜皮的小事而怨天尤人的家伙毫无耐心。在乔安娜父亲的柔情与母亲的高标准之间横亘着一条清晰可辨的鸿沟。对乔安娜来说,要达到父母的标准不言而喻是艰难的。这不仅是因为她的耳疾,也是由于和她的 3 个姐姐相比,她总是自惭形秽。

心理医师由此推测乔安娜的母亲从不曾认同自己丧母的痛楚与悲愤,也不曾意识到自己的童年是多么无助,一颗受摧残的幼小心灵是多么渴求关爱。乔安娜母亲自助自立式的情感方式迫使她横眉冷对自身柔弱而孩子气的一面。鉴于母亲无法对于自己内心受压抑的欲求作出应对,她对孩子自然也就缺乏耐心。乔安娜的伤残决定了她更需要母亲的关爱。然而,母亲的反应似乎使自己离乔安娜及其愿望更远,也许这是出于母亲对于孩子残缺的一丝愧疚感。母亲的回归欲(wish to regress)和相应的超我的自惩性反回归构成了投射于孩子身上的一对强大抗争力。

乔安娜的崩溃,在医师看来,源于其被激起的对父母情感冲动的青春萌动,尤其表现为她潜意识里对于挚爱父亲的浪漫幻想及对于冷酷母亲潜在的报复心态的恐惧。而将同性恋作为这一困境的出路对她而言同样又是难以接受的,这一心态也就被相应投射到她同学的身上。

而症状的缓解将这一切都化作乌有,这一进展可被视作是健康状况的飞跃或者更乐观地说是一种自愈。因为乔安娜自我感觉良好,于是她和她的家人都不再具备继续治疗的动力。乔安娜和她家人都不是心理调节能力很强的人,他们的不愿自我审视既是他们化解纠纷的途径也是对于揭秘式的心理理疗的一种抵制。

于是,心理医师对于乔安娜深层问题的假想无法得到验证——治疗只能停留在简单肤浅的层面。乔安娜(至少是暂时地)将自己重构成一个顺从、整洁、端庄的女学生。在衷心感谢将信将疑的医师后，一家人终止了治疗。

也许，更长久的治疗会帮助乔安娜认可自己内心更为多样化的情愫，其中包括她对于无法博得母亲欢心的自责以及对于父爱可能招致母亲妒火的担忧。表面上看来，母亲和女儿之间那根弦始终紧绷着，女儿不允许流露出些许不成熟的痕迹。于是对于其内心的骚动、仇恨或愤怒，乔安娜无以言表——这些感性体验在母亲看来毫无价值。这自然造就了一个刻板、冷漠、内向的少女。

对于母亲所拒绝的那些内心体验，乔安娜也无法做到自我认可或容忍。然而，正常的心理状态的回归及崩溃还是时有发生。这种回归或退化具有外界惩罚的特质。它以精神病学上的自我碎片(形式)呈现，它对于乔安娜而言是异己的，因为它和她内心的真实情感无关。

值得注意的是，心理上的回归对于人的自我而言是众多体验中赋予生命意义的特质之一。当我们或是不愿相信电影情节而大哭，或是坠入爱河，或是获得性灵的重生时，我们都以非理性的方式释放自我。投入和创作，一切令我们奋不顾身的人生体验都具有心理回归的特征。

于是治疗的情形就被视作是一方应允可以发生崩溃的土壤，在这里间歇性的心理回归是可以接受的。诚然，一旦人们落入这样的境地，忍无可忍地说"我再也管不了了！我放弃！"他们便会为自己或是为孩子寻求治疗。病人亟须聆听和抚慰的需求有时不免乔装为对心理知识的知性渴求，抑或表现为对依赖他人的默许。医师自然并非父母，但在治疗阶段，他会承担起为人父母的部分职责：倾听病人的心声，不作任何评价，帮助他们把心中模糊潜沉的情感化作言语。这是谈话疗法中不言自明的技巧：帮助病人将情感付诸话语，而不是行为或症状。这样才能降低其行为被非理性所驱使的可能，同时，也能享有更多选择的自由(S. Freud 1917)。

在日常生活中，敏感的父母为孩子这么做，并非由于父母和孩子正一同接受治疗，而是因为父母想要用亲子之爱将孩子(包括他的孩子气和他的日渐成熟)全然地包围起来。医师也在全身心接纳病人的过程中，使自己以更高远的姿态投入其间。对于双方而言，这都是一个动情而智性的体验。同

100

时,它也是一个内化并塑造"支持型"人际关系的契机。然而治疗中可能产生的依赖性本身也可视作是对于需求的一种诱惑和勾引。而这总是不为人们欢迎,对于特定个性特质的人群,诱惑也许会在不经意间让他们套上欲求和焦虑的桎梏。

六　想要变好的挣扎

培 养 良 知

每个父母总是乐于看到子女成为一个慷慨、宽容并且具有责任心的人。父母深知这些品质来之不易,因为当一个人经历诱惑时,内心世界往往挣扎着要保持作为一个耐心、悲悯、可敬之人的特质。内心挣扎其实是性格育成的标志,它总是贯穿着人的一生。那些讲述人们抵制诱惑与为追求更高原则而内心挣扎的人性故事总是最富深远而普世的魅力。

忠贞、尽责、诚信、勤勉和付出,要做到这些毕竟是有些难度的。我们中的一些人常常企图探求捷径。在好莱坞电影中,这一点可谓表现得一览无余:无名小卒乔(Joe)正面临两难抉择:是去做简单快乐却有悖原则的错事,还是坚持艰难而正义的方向? 他的内心充满着疑虑和波折(在诱惑中蹉跎人生的他被心生厌恶的女主角羞辱并唾弃于采石场,那一刻,我们都担心他会做错事)。最终他却渡过难关,作出了正确的抉择,同时也被女主角所接纳。而这一过程中,女主角始终以局外人的视角焦虑而期待地关注着这场内心的挣扎,就像为人父母者通常所做的那样。

显而易见,幼儿常常对事物怀有矛盾的想法,在诱惑和美德间左右为难,摇摆不定。他们总是把内心冲动以及自律情结的纠葛公之于众,将其外化为戏剧性的冲突,就如同两个人在对话:"我要吃饼干! 不,不——现在还不能吃。"

父母想要孩子变好的愿望本无可厚非,但是有时却因为父母"迫使他变好"的做法而将问题复杂化。父母想要纵身跃入孩子的内心世界并干预其内心挣扎与选择的企图,使这一内在纠葛演变成了亲子之间的冲突。这无疑会适得其反,孩子容易认为这是他和父母之间的冲突,而非自己内心对立面的冲突。于是他觉得不必再纠缠于内心的争斗,因为和父母间的冲突早已取而代之。父母介入也许是由于被灌输了这是他们的职责;也许是出于他们揠苗助长的心态;也许是他们对于孩子会安然度过这一斗争缺乏足够的信心;也许他们自认为世界上没有人(甚至也包括他们自己)真正想要变好。

部分父母会不停地追问:"怎样让孩子变好?怎样让孩子懂得后悔?怎样让他学会分享?"等等诸如此类问题。这部分父母显然是错失了方向,因为没有人能"让"孩子真正做到去分享,去忏悔或去感知一切。父母在沉迷于孩子言行表象的同时却忽略了孩子也有思想情感,也有内心世界的事实。孩子的盆子里有 20 块饼干,当姐姐伸手问他要时,他自然不会表现得很友好。表象行为会显示出孩子不懂分享的一面。这一刻,没有人能让孩子做到主动去和他人分享。他人能说服孩子让出几块饼干,但这么做也许并不够理智。在孩子学会分享之前,他需要产生一种与人分享的意愿。他必须有这种自发的想法。这是一项长远的工程——并非父母在当下就能让孩子学会的。

明智的父母明白如何脱离困境。他会请孩子将现实中的失落与苛求视作客观自然的一种特征,而不是父母故意强加于孩子身上的事物。同样的,他们还会为孩子定位,告诉孩子想要成为好人及其他相关的愿望都是源于孩子的内心,而非父母给予孩子的外在附加。父母这样的处理方式隐隐流露出他们对于孩子独立内心世界的尊重。这一技巧性的方式成效显著,因为点点滴滴都是建立在孩子对于个体存在的独立性与自主性之上的。父母若能做到不侵犯,不干预,不控制,不窥伺,不操纵孩子(或者不让孩子在潜意识幻想中产生肉体接触相关的形象:强暴、肢解、阉割等),他们就能保护孩子人格上的正直与完整。

原始的贪婪、愤怒和恐惧

孩子身上的一部分性格特征的产生是完全为了自己,而不为其他任何人。这也不失为一件好事。强烈的自私其实是一个婴儿为生命已经作好准备的象征：他那渴求关爱的大哭奏响了他将苗壮且执著成长的号角。若不是这番贪婪和霸气，他永远不会有呼吸第一口生命之气的力量，不会有精力哭闹着要人喂养，不会有力气蹒跚学步，也不会以人类体验中极大的兴致去奔跑，去攫取，去贪婪吮吸。这一求生的热望本身也具有同照顾自己的大人们建立起牢固情感联系的功效。他的情感，一旦被凸显出其重要性，便会步入正轨，令他人和自己的情感息息相关。孩子有自己的意志，他人也有自己的意志。在和他人相处的过程中，孩子必然会有挫败，尽管有时他人或许并不是故意要让孩子失落。在人际交往中，时时都有令人爱恨交加的片断，处处都有欢乐、受伤和绝望。

孩子伤害他人及做出破坏性举动的冲动实属本能，这是使他得以在人世间维系自己生存和爱的本能冲动。即便一个孩子被悉心呵护，备受尊重与关爱，他们也无法全然逃脱这样的本能冲动。但是基于爱的力量，孩子的内心也会产生与这种冲动相抗争的阻力。由于孩子爱自己的父母，他们会为自己想要伤害父母的意图而感到悔恨和担忧。小孩子会扮演起父母的角色，就像他会穿父母的衣服，会在父母面前表现得柔弱且满怀挂念，他们也会在意识到自己对父母偶尔的敌意时忧虑重重。为人父母者越是仁慈，孩子就越是易于感觉到悔恨及顾虑的痛苦——这就是良知的声音。

孩子正怒气冲冲地朝妈妈扔袜子。因为他尚年幼天真，还不太确定袜子和石头之间的区别，对于自己扔袜子的举动是否会伤到妈妈或就此把她永远赶走也不敢肯定。每每在气头上，孩子都会在脑海中暗暗策划这些想法，但是随即又会感到恐惧、孤独和弱小。在这种心境下，飘舞的窗帘和吱呀的门扇都会成为吞噬他的怪兽，因为他觉得自己罪有应得。每一个深爱自己母亲的孩子都会有这样的情感经历。

孩子对父母生气和愤恨时，他总认为父母也会有相同的感受。在怒火中，小孩子会想消灭任何阻挠他心愿达成的人。然而，几小时过后，就寝时分，这个孩子出于某种原因，又会突然表示担心有人会来消灭自己。对于怪兽、夜贼、妖精和床底的坏东西——所有的孩子都会有这种经历——都会有对于在人际关系中遭受攻击之可能的恐惧。孩子有时会产生要去攻击父母的想法，他们还会幻想父母对自己可能也怀有报复心。生气的孩子希望父母此刻永远消失，但下一秒钟又会担心得不到父母疼爱与庇护而自己会遭天谴。这就是硬币的两面,愿望的达成与因为愿望而遭受惩罚都是孩子心头的障碍。

这就形成了经久不衰的神话、传说与文学中的原型。恶毒的巫婆和继母想要消灭和吞噬小孩,而小孩最终也会成功逃脱,为父母的关爱所拯救。巫婆和床底或抽屉里的坏东西是孩子和父母间所建立的情感纽带的折射,而这部分负面的影射因为孩子太过年幼而无法在现实中认识及掌控。怪兽是孩子表现不好时自己的化身及孩子眼中父母对此反应的体现。同时这也表现了孩子对于自己"恶"的部分的看法。这是一种孩子尚无力控制的内在挣扎,被他们幼小的心灵转移到了床底和抽屉里。

现实生活中孩子的小恐惧——目睹父母的怒火或看了一场恐怖电影——会强化孩子对于床底未知物的恐惧。但这些并非恐惧的源头,起因还是孩子气的爱与恨及他对这种复杂情感的无力应对。聪明的父母会意识到孩子同自己的怒火暗暗较劲的内心斗争,他们于是会以此为契机给孩子提供慰藉和解答。这些慰藉和解答的总和就构成了引导孩子自我管理的职责。这其中包括人们相处的规则,尽管他们彼此之间乃至他们同自身的冲突与分歧在所难免。

支持孩子自我管理

对于孩子而言,父母如果表示认可孩子自私和毁坏性的冲动及各种情感,并向孩子们保证毁坏性的行为并不会因这种情感而真正发生,他们便会如释重负。父母安慰孩子要遵从人类行为的客观规律很正常。这就如同父母会安慰违背物理世界规律的孩子:"那儿,那儿,那个可恶的咖啡桌绊倒了你。以后还是别在客厅里奔跑了。"对于在现实中碰壁后寻求帮助的孩子,父母会以言辞宽慰。孩子此时已经足够成熟,能够接受父母的建议。父母会向孩子解释人类所遵循的行为规范,并对孩子为了遵守规则而遭遇的巨大困境表示同情。"是的,我明白你现在多么想把哥哥撕成碎片,但是我们不能打他。在人们生气的时候,他们会告诉别人是什么使他们丧失理智的。"对于自己想要肢解兄弟的强烈愿望,孩子会极度焦虑。其实平日里他很爱自己的兄弟,并且向来以他为豪。这时,父母就得给予孩子以安全感。

当孩子的愤怒得到认可，他们就会试图控制它，并阻止这种冲动转换为行动。父母并不会坚持孩子任何时候都不许生气（即使孩子的生气并没有道理），父母只会要求孩子不能动粗。

如果孩子的心智还不足以打赢自我管理这一战役，那么父母就得试着掌控他们的行动以避免孩子们大动干戈。父母会尽力为孩子因自我管理而产生的内心挣扎作出定位，鼓励孩子谨记打人是不被允许的。由此父母就是在尽己所能，真正成为判断力日益成熟的孩子的盟友。在心情激动的时候，要自然妥帖地做到这一点并不容易；父母很有可能会以蔑视、讽刺、屈尊甚至是不耐烦或失望的态度说："你比我更清楚！自己心里明白！"明智的父母理解他们不能为孩子的良知代言，他们只能替现实说话；孩子的良知唯有通过自我培育的方式成长起来。孩子的良知属于自己，无论它是多么微不足道并且尚具较大的依赖性，它俨然已成为孩子作为独立个体的一部分。

106

愧 疚

孩子的良知十分脆弱，有时并不可靠。同时，它又特别严谨、呆板、爱钻牛角尖。当然，在很多情况下，孩子都会天真地想当然，故而他们对行为规范的接纳也特别单纯。小孩就像一块干海绵，努力吸收父母的性格特质，包括对于该做什么不该做什么的理解。同时他们会将成人行为进行具象而生硬的解读。小男孩喜欢穿上爸爸的鞋子，戴上爸爸的眼镜，四处炫耀。他对于大人所做的事兴奋不已——男孩应该这样，女孩应该那样。"这位先生是医生，这位女士是护士。"他会这么向自己的母亲宣布，令她忍俊不禁（她是一个外科医师）。孩子只是按照所见的模式依样画瓢，生搬硬套——因为他才 3 岁，对于自我世界的管理，他还是一个初学者，仅能以一种固化的间或带有偏见色彩的方式去思考。他的规则铁面无私。

类似地，小孩对于惩罚的看法也呈刚性。他坚信这个世界应该"以牙还牙，以眼还眼"。他还不能很清楚地区分想要消灭自己所爱之人的想法和将其付诸实践的行为之间的差异，因此对于这种想法他也自然会抱有强烈的愧疚感。由于对自己过分苛责，孩子非常需要父母的安慰。父母对孩子越是温柔，充满尊重，孩子就越担心自己可能会"变坏"。他需要确认父母能够理解自己有时也会恨他们,尽管如此,父母还是会一如既往地疼爱他们。

对自己的言行感到愧疚的孩子会为父母告知他们的消息而惊诧。道歉

107 的概念在这种场合下被引入。当一个人能够说"对不起"时,那种负罪感便消退了。而对方接受道歉时,在认可其不良行为的同时也能将其置于宽广的背景下,宽厚地道一声:"噢,没关系。"父母建议孩子"说声对不起",对于正在气头上、内心憎恨每个人并确信他们也都同样憎恨自己的孩子而言,这就如同一束阳光投射进了他晦暗苍凉的内心图景中。说声抱歉的美好在于它开启了爱之旅,带来一个全新的起点。

如果孩子能够带着遗憾的心情表示,"我忘了",那么他就开始流露出后悔之情,开始懂得自己原本可以做得更好。如果孩子还能表示"是我自己忘了",那么他就获得了规范自己未来行为的潜能。当然,如果父母对孩子的道歉以责骂回敬之,那么这种潜能就会被毁于一旦,孩子会急于为自己辩护并摒弃一切自我批判的可能。父母不必践踏孩子初次流露的后悔感。父母所扮演的角色应当是对于孩子内在挣扎富有同情心的见证者,为孩子提供从懊悔的痛苦中解脱出来的方式。父母可以告诉他们自我弥补的途径,但不能强求他们这样去做。当然,把孩子遣回房里"直到他后悔"的做法并不能真正让孩子体会到悔过之心。这通常只会导致一个厌倦禁闭、渴望逃离樊笼的孩子不顾羞耻地去说一些口是心非、不知所云的托词。父母也许会认为通过惩罚,他们能让孩子更快地获得悔过之心,但是这样做其实只会适得其反,真正的忏悔意识只会离孩子越来越远。孩子本能中毁坏性的冲动被吞噬,但同时他的言行再也不会为悔过心所抑制。

【小插曲】

罗谢尔(Rochelle),12 岁,正在书房做家庭作业,母亲在为全家准备晚餐。罗谢尔是一个完美主义者,胆小羞怯,尽心尽责,她为了那几道数学题已经花费了好几个小时。她要求妈妈来帮她做题,妈妈多少有些恼怒地说:"不,亲爱的,我现在不能帮你。就要开饭了。快去叫你爸爸和姐姐过来。"

罗谢尔受到了伤害,她为明天就要到来的数学测验而惴惴不安。

108 对于自己的需求,母亲却一口驳回,显得那么冷若冰霜。于是,罗谢尔

伤心地端坐桌前,对着自己的数学题发愁。她没有像妈妈要求的那样去把爸爸和姐姐喊过来,甚至自己也不去吃饭。妈妈当然在间隙时已经把父女俩招呼到桌前,并催了罗谢尔很多次。这时,妈妈也很恼怒,因为罗谢尔在自己忙碌时不愿伸出援手而感到生气受伤。

妈妈这时候很想像她姐姐那样冲入房间把孩子揪到餐桌前。但与此同时,她又清醒地意识到自己曾经发誓不会像她姐姐那样对孩子(事实上,和她淘气的表姐相比,罗谢尔更渴望取悦大人,也对他人的批评更为敏感。而在表姐眼里,人生不过一场游戏,背着母亲她们也就可以为所欲为)。

妈妈知道自己完全有权利要求孩子百分之百地服从。但是,在心底里她深知按倒牛头强喝水并不会让事情有任何起色。但另一方面,在她需要帮助的时候,女儿令她失望,对此她确实感到遗憾。爸爸和姐姐恳求妈妈进屋道歉。但是妈妈正在气头上,她强烈的自尊心使她执意不肯。但直到晚餐结束了,罗谢尔还在房间里纠结于那几道数学题。妈妈克制住了自己的怒火(比如直接责骂女儿),但她以一种被动的、妥协的方式表达了自己的愤怒(拒绝道歉,让罗谢尔的饭菜冷掉)。

晚饭后,妈妈来到书房。可怜的罗谢尔还在盯着那些数学题,半晌默不作声。最后,她终于开口问妈妈为何拒绝帮她做数学题。"如果你刚才帮我,我就会去喊爸爸来吃饭。"罗谢尔解释道。妈妈坦言自己当时并未想到这一点。妈妈说她确实很抱歉。在晚餐终于结束时,她意识到自己刚才太过神经质,脾气也不够好,可怜的孩子只不过是想把作业完成好。"对不起",母亲真诚地向女儿道了歉。罗谢尔热泪盈眶道:"不,不,妈妈。我当时应该帮你的,你是对的。"于是,母女俩真心相拥。妈妈随后为罗谢尔热了饭菜。

后来,罗谢尔主动告诉妈妈促使她为自己的行为感到抱歉的并非母亲的道歉,而是因为她需要一点时间反省自己的行为。 109

此处,母女俩都是勤恳而敏感的人,两人所卷入的是典型的家庭口角。最终,双方都产生了愧疚感。这一生活插曲令母女俩的性格更臻成熟,也对彼此更为和善,不会为了鸡毛蒜皮的小事而大动干戈。这需要父母对孩子抱有信心,相信他们在一段时间后终究会萌生悔过之心。父母的急于求成无益于孩子性格的成长。有些事也许可以催,但是谁也没有能力催生出真挚的情感。父母有时希望从孩子那里得到自己想要的话,或许这是因为内心的不悦、不耐烦或是因为他们尚未想到别的出路。

但是对于一个在内心中对自己有高标准的孩子,在父母提示他该怎么做时,往往会作出负面的反应。因为孩子其实知道自己该怎么做,而他之所以未能做到(就像大多数人一样),并不是因为他的无知,而是因为他并非圣贤,无法时时保持完美。而父母如果一五一十地细数孩子所应做的条条框框往往只会让事情更糟糕——因为此种暗示孩子无知的话语无形中诋毁了孩子的伦理情商。孩子越发感到自己和父母之间不可逾越的鸿沟。

通常,冲孩子发怒的父母(父母自身当然也并非是圣贤),会利用这个机会对孩子施加微妙的惩戒——显示出自己对于孩子的伦理价值观和常识极为藐视。借助这一审判式的屈尊口吻,父母得以发泄自己内心的怒火与恶意。这一表达方式很狡猾,因为从表面上看(比如语言上),父母的话无可挑剔。但是,这种敌意会令孩子奋起反抗。孩子尚不够成熟,不足以辨别出两者的区别;令人不快的其实并非父母说了什么,而是父母这么说的行为本身。

但父母会宣称他们不接受还嘴。孩子必须自己消化所有的不快。对于为了实现让所有家庭成员马上吃饭这一目标而言,这一手法还是很奏效的。孩子在吃饭时也将咽下自己的愤怒。这当然不会令孩子蜕变为一个杀人犯,但是却会令孩子的情感世界变得粗糙不堪。从此他的脸皮会变厚。于是父母下一次不得不用更粗鲁的诟骂来调教他。这会给亲子间的密切关系带来创伤,孩子对于父母及他人所怀有的同情心也将遭到损耗。最终孩子失却的是想要变好的真诚愿望。

社 会 礼 仪

教幼儿在恰当的场合说"请"、"谢谢"、"抱歉"本无可厚非。但是如果在教孩子礼貌用语时,唯礼仪至上,全然无视孩子的内心情感,就会出问题。父母应帮助孩子去理解这样一个事实:有时即便我们觉得错在他人,自己并无义务道歉,我们还是要说声"对不起"。这一点非常重要,不失为一种处世哲学。然而,孩子要了解这一课之前必须对于何时自己怀有真正的愧疚感,而何时无须感到遗憾有一个清晰的认识。唯有当孩子能够自然表达,真情流露时,他才能胜任社会礼节的语言。

但是,只有当孩子有机会亲身体验并培育出一种基于真情的牵挂、后悔与感恩时,父母才可能把这种成熟的处世智慧传授给孩子。于是孩子在参与到社会生活所需的"善意的谎言"中时,其正直人格也可免于遭受损害。

当然,短期和长期目标都是现实而不可或缺的。有时,我们都得学会入乡随俗,压制自己内心的欲望——在一个人参与社会生活时,无论是在幼儿园、工作单位还是在家庭生活中这都是必需的。在此后的人生里,有时尽管孩子毫无过错,他还是得道歉,因为社会要求他这么做。孩子最终会明白在人与人相处的过程中,有时,适度的伪善是难以避免的。在一个要求良好礼仪的世界里,每个人都会被要求这么做。一个只在偶尔想到时才去分享或道歉的人,在同伴眼里是令人难以容忍的,无论他是 4 岁还是 40 岁。父母必须确保孩子不会仅仅出于一己私欲就把生日蛋糕给独吞了。

然而,明智的父母懂得,按照生日礼仪行事和发自内心的慷慨是两回事。父母必须帮助孩子理解何时需要"善意的谎言",这在社交场合是必需的。同时,父母对孩子的爱以及从孩子情感世界中获得的快乐,将催生孩子成为一个"大"人的品质,激励他们变得无私,赋予那些苍白的言行以情感和意义。属于社会性的礼仪和基于内心真诚的表达时有重合,但绝非全然一致。

良 好 的 运 动

能够恭喜自己的竞争对手——在赛出水平的同时展现一种运动精神——是人生道路上性格成熟的典型和巅峰。当孩子能够与人探讨自己在生活中种种的失落与不如意时,他也学会了如何充满自尊地应对自己的这些消极情绪。这些情感会带来伤害,但它们毕竟只是过眼云烟。孩子之所以能这么想是因为总会有人以一颗同情心去聆听一个三五岁孩子无休止的失望,无休止的抱怨,并以耐心和同情抚平他们的苦痛。这一经历会帮助孩子在六七岁的时候最终学会掌控自己的失落心情。他会明白自己的心情低谷只是一时的,而并非世界末日。当他面对组织化的竞争时,比如在运动场上或是校园竞争活动中,他会体验到良好的运动精神中所蕴含的人生智慧。他会遵循那些较为年长的运动员身上所体现出的运动精神,倾听父母、老师和教练的教诲。有人会告诉孩子,失败者应该恭喜获胜者。年幼的孩子一开始可能会很不情愿这么做。当孩子能够以真挚的善意和热情说出"我为你高兴!"时,这就成为孩子心态成熟的一种标志——尽管如果自己赢了的话自然会是更令人高兴的事。要将指挥棒交给一个曾经弱小而今却比自己强大的对手确实需要一种成人的精神。但,正如父母将自己的权威和权力传递给下一代,自然而然地,这也是每个家庭都会为自己的后代所做的事情。

112

那些永远将自己视作受害者的父母在这一发展过程中也许会缺乏耐心。没有人顾及他的情感!这样的父母往往会急于求成地"要求"孩子恪守礼仪。他对于孩子的嫉妒之心令他从孩子手中夺取一切并亲手将其毁于一旦。如果孩子获胜了,他会给欢呼雀跃的孩子泼冷水,怒目瞪视道:"这样做不合礼仪。"如果孩子失败了,他又会得意窃喜:"对此你要习以为常。"这样一来,孩子真实的喜怒哀乐都被父母一笔勾销,因为这些父母在自己的生活中就是辛酸的失败者。

同 情 心

"成为一个好人"要求孩子具有认可他人权利及感受的能力,并以此抵制自身的部分行为冲动。这一过程包含几大步骤。当然慷慨之心是首当其冲的。即便是尚不会说话的孩子也会在某些场合表达出对于他人情感的敏感度,比如在父母突然忧伤时也变得焦虑起来。细心的父母会发现,即便在婴儿初期,亲子间已有一种情感分享的冲动,这也促成了亲子之爱的天性。婴儿在被喂食时也会把食物递给父母,并轻拍父母,以示抚慰。

当然,直觉式的同情心在现实世界有时不可靠,在下一分钟,孩子如果有需要时,他可能又会吹毛求疵起来。孩子会逐渐认识到别人也有情感和信仰等方面的权利,也会对于事物保留与自己不同的见解、信念和欲求。可

以说,很多成年人也未必真正明白这个道理。这就要求人们接受他人也是 113
独立个体,并且也时时拥有奇特神秘的内心活动这一事实。它还需要人们
承认自己不过是人群中的一员,虽然,事实上,个体经验意识往往会把自己
作为宇宙中心。而性格的成熟则要求一种截然相反的理念——现实律令与
准则普适于大千世界中的芸芸众生,人不过是其中的普通一员——这是一
个崇高而不易为人所接受的理念。

因此,大多数情况下,婴幼儿都会高扬"我先来!"的旗帜。渐渐地,尚不
成熟的孩子学会与人分享、等待、给予,各得其所的意识与能力均会得到提
升。这一转变过程并非一蹴而就。有人会说,这一心理过程直到一个人行
将与世长辞时才会真正圆满。当人们学会放下俗世中的一切牵绊,将它转
交给富有活力、期待有所作为的年青一代时——这就是一个人在世间一路
风雨兼程过后,胸怀感恩,满足而归的心态——纵然现实通常并非十全
十美。

对于将此过程视作终生课题的父母来说,他们会对 2 至 12 岁孩子所表
现出的不成熟持宽容的态度。当然,12 岁的孩子已经具备对于自身行为的
认知力。尽管在小妹妹闯入房间弄乱玩具时,他难免还会有歇斯底里的反
应。对于妹妹的"入侵"他很愤怒,但同时又为自己的愤怒而感到羞愧。他
的一只脚尚陷于婴儿期,认为弄乱自己玩具的任何人都应该被消灭,而他的
另一只脚已经迈入成年期,对于自己的孩子气持自我否定态度。

同 胞 手 足

当家里有两个以上孩子时,父母常会告诫孩子必须善待彼此。许多为
人父母者对于兄弟姐妹之间所爆发争斗之激烈性震惊不已。目睹这一切令
父母心痛,因为他们真心希望孩子们在日后的生活里成为朋友,尤其是在父
母离世后。手足间经常爆发的毫不掩饰的仇恨常常令父母怀疑孩子在日后 114
回眸童年往事时,何以留有快乐、温馨、亲密的记忆。

一个会像成人那样奇思妙想的孩子会认为家里每个人都相亲相爱。他
会耐心等待属于自己的一份爱,因为他相信大人能确保自己不受欺骗。他
开始接受这样的事实:他所爱的人也许拥有一种将他排除在外的爱恋关

系,但是他们对自己的爱却不曾消减。这样,孩子也许会认识到他人都有自己的想法和意愿,这可能会和他自身的想法相冲突。他会把自己看成是一个慷慨的成人,为能够关爱照顾弱小及有需求者而感到自豪。他也许本该放弃这种孩子气的想法:自己的意志力可以操纵交通,甚至阻拦太阳在天宇的运行。

尽管每个孩子都会一度经历较为成熟的人际关系,但孩子的这种心理状态通常不会持久。即便是成年人也未必能持之以恒。诚然,孩子思维模式的构成往往会反其道而行之。小孩甚至无法想象大人对于自己的需求仅仅是局部或者滞后地满足——孩子们总是觉得他们现在就需要得到满足,他们需要独占一切。对于任何阻挠自己愿望达成的因素,他们会把它清除得一干二净。从这个角度而言,我们就会发现同胞间的纷争(不论是年长或年幼)正是现实中难以接受的种种因素的象征。同胞手足的存在隐约勾起了孩子心中对于父母暗中同谋的嫉妒心。当自己必须等待、分享或遭受挫折时,手足之间热切的脸庞总是近在身边。而此时他们的脸庞也会折射出自己的胜利。

有时,这会帮助父母意识到这样的事实:孩子也许需要自己的帮助来引导他们,将愤怒转移到真正的"罪人"——父母自身。我们拥有兄弟姐妹,这只是因为父母想要孩子。真正的愤怒源自父母,比起自己来,他们似乎总是更偏爱其他的孩子。竞争的局面早在第二个孩子降生前就已形成。那时,孩子已经得和父母中的一个分享另一个了。没有一个孩子能独占自己的父母。他至多只能占用父母大多数的时间和精力。而新近出生的同胞手足则令父母对自己的投入进一步减少了,但这毕竟还只是亲子之间的问题。一切都取决于父母如何决定自己时间的分配,父母得为自己的选择承担责任。但是孩子对父母的嫉妒之心常常被子女间手足关系的表象所掩饰和抵消。孩子对于自己的同胞手足的情感毕竟不像他们对于父母的依赖,于是,他便拥有公开憎恶兄弟姐妹的自由。

大多数父母尝试对每个孩子都做到尽量公平,但是在哺育孩子的过程中,他们总是难以避免地与这一目标失之交臂。对于孩子因为自己有失公允而产生的愤怒,父母往往会推卸自身所应承担的责任,让兄弟姐妹成为替罪羊。然而此处的问题在于,手足之间妥协的空间极为有限,因为此时,手足间的愤怒不过是孩子对于父母失望、纠结之情的偏移。

　　生活中常常会有这样的父母，他们对于心怀嫉妒的孩子的怒火难以承担自己的责任。当两个孩子大打出手时，逃避现实的父母总是扮演着无辜而无助的旁观者角色。对于一个众人眼中的"老好人"父母，他们也许会始终保持这样的旁观立场，而此时小兄弟俩正身陷于无以调和的冲突中。如果父母无法真诚直面孩子的愤怒，手足间相煎过急的情况就会屡屡发生。这往往导致同胞间"无法相处"的终生抱怨。问题的根源还是在父母身上，他们不能给任何一个孩子百分之百的爱，并轻易地令孩子认为其他孩子才是罪魁祸首。

　　类似地，为受害者情结所困扰的父母常常会感觉孩子在摧残自己，同时也自相残杀。通常孩子们的吵闹不休会被视作父母的无能。这些父母会把孩子间的吵闹看作是一个永恒的成功者和失败者之间的斗争，一个"总是""无缘无故"地欺负另一个。对于需要转移责任，又受殉道感和无助感困扰的父母而言，对于手足纷争局面作出这样的归纳是可以理解的。

　　对于大前提还算满意的父母而言——当他们意识到随着时间的流逝，孩子们都在不断前进时——他们会对孩子成长路上不可避免的磕碰和争吵泰然处之。父母会意识到，被嫉妒心掳获的孩子，其心态时不时会有回退的迹象，以至于孩子更为成熟的性格特质——如与人分享、合作，从他人角度看待事物等等——都暂时瘫痪了。处于激动与烦躁状态的孩子只可能从自己的角度看待事物。不过最重要的是，年复一年，总体的趋势表明孩子与他人的互动日渐成熟。对于立志消除手足间或其他孩子间一切纷争和不快的父母而言，他们的目标注定会失败。

　　在孩子性格成熟的过程中，父母所应利用的最大资源还是孩子自身想要早日成人的内在驱动力。大人们在日常生活中对孩子或是夫妻间彼此相互关爱、给予与分享。孩子们也希望自己能做到像大人一样。亲子间的恒久格局是父母对于孩子全身心的投入。但与此同时，两三岁的孩子也开始急切地想要扮演父母的角色。学着成为一个悉心的照顾者，这对于孩子而言是一大慰藉，即在放弃婴儿身份的失落的同时获取一些积极的东西。父母则通过要求年长的孩子照顾年幼的孩子来鼓励他们践行这一过程。聪明的父母以恰如其分的口吻让年长的孩子觉得自豪而满怀感激之情。这令他

116

们对于幼小软弱或无助之辈胸怀仁慈和善之心。而年幼的孩子也在不久的将来承担起年长孩子的职责。我们常常能看见这样的情况,个性阳光的小孩子迁就并照顾着脆弱而激动的大孩子。

但是孩子照顾他人的能力毕竟有限。部分孩子过早地承担起父母的职责。他们被要求把看护或照顾弟妹作为一项工作,因为父母有时无法抽身。这些孩子的成长过程是不均衡的:他们在某些方面拥有了超出自身年龄的技艺,但同时在其他方面却还很稚嫩。在照顾他人童年的同时,他们也被剥夺了一部分自己的童年。这甚至会扼杀年长孩子照顾他人的兴致或者是在未来拥有自己孩子的兴趣。作为一个成人的他届时会觉得自己早已尽了应尽的义务,既然自己现在独立自由了,他再也不会容忍任何干涉他的因素。

117
尊重孩子的时间表

聪明的父母知道孩子也有善心、热望以及对他人的关心,因此他们会恰如其分地以此促进孩子的成长。当父母发现孩子对于他人的感激、尊重和体贴已经能和自己对孩子的那份相媲美时,实在不必大惊小怪。父母给予他们最好的范本和激励。父母并非十全十美,因为父母也是凡俗之人,为大千世界的纷扰所羁绊。同理,孩子自然也不完美,而且孩子在自我管理方面确实还不成熟。孩子骑着童车时会摇摇晃晃;孩子写自己名字时会笔迹笨拙。尚不成熟的孩子所做的事情也往往显得粗笨、残缺,掌控不够。而他们想要变得自尊和感恩,想要在保持个人心情的同时也照顾他人感受的种种努力都相对原始。尽管他竭尽所能,但仍会遭遇失败,正如作为初学者的他注定会从自行车上跌下来一样。

耐心而乐观的父母会接受这样的事实:孩子在成长的过程中自然而然会变得更加慷慨。而被受害者情结所困扰的父母则对此鲜有信心——也许这是火星上的故事,不会发生在地球上。他自身也不容易为人们的慷慨博大所感动。他被生活所欺骗的感觉阻碍了他与人分享,关爱他人,并在给予的过程中获得真正的快乐。他之所以这么做只是责任的桎梏使然,或是为了免受失职的耻辱。他甚至不认同孩子会从心底里希望与人分享,他只是尽力驱使孩子们这么做。他通过不断提出有悖孩子自然成长的要求来打击他们。对于这些父母而言,鼓励孩子为家庭、国家或人类作贡献的长远目标只不过是一堆陈词滥调。他们介意的只是最现实的问题,即孩子在当下表现得合乎规矩。

对于孩子循序渐进的成长时间表不够尊重的父母有时会自寻烦恼,激进地要求孩子表现出善良、感恩、遗憾或慷慨的一面,即便孩子在彼时彼刻内心并不是这么想的。当然在孩子并非发自内心地想要与人分享时,父母还是极有可能会要求孩子表现友善。在孩子想要囤积物品时,他会被告知还有"分享"的概念,这时他会觉得属于自己的东西被人剥夺了。这样,孩子真正感知对他人的公平、宽大和尊重的机会就极其有限了,因为孩子的原始目标已经异化成了逃避父母,逃脱他们强加于自己的思想斗争。由此便造就了一个遇事易于逃避并且对于他人感受极为冷漠的孩子。

有时,我们会发现当情感纽带不牢固时,孩子良知的成长也会遭遇瓶颈。这时,孩子毁灭性的情感冲动就与他的内疚感分道扬镳了。也许事后孩子也会有悔过之心,但却往往有马后炮之嫌,因为已经来不及阻碍错误行为的发生。这就形成了无效的良知。它会在冲动行为发生后以自惩而非自律形式进行自我表达。这容易导致混乱人格的产生,责怪他人与自责会在他们心中交织错杂,轮番登场。这种人格在徘徊于沉溺与忏悔之间的瘾君子或是摇摆于毒打与懊悔间的家庭暴力者身上都会有所体现。爱与恨被体验着,却也被割裂了。

显而易见,一些父母"让孩子后悔"(或"让孩子内疚")的壮志注定会失败。我们无法"让"一个人坠入爱河,因为坠入爱河或感到遗憾都是源于人类内心自发而真挚的情感体验。

当一个孩子不断被推搡着去被动体验他所不能自发感知的东西时,在极端的情况下,他会从此丧失具备真情实感的能力。那些被强迫超前"变好"的乖孩子的内心世界也会在成年后变得机械空洞、苍白麻木。他们一辈子都会做正确的事,却再也感受不到生命的活力。他们在经历一段段例行公事的过程后没有一丝属于自己的情感。他们对别人很好,对自己却徒劳无能。

而性情较为激进的孩子在面对同样的压力时也许会奋力反抗。他不愿投入;他感觉受人摆布;他不为自己的所作所为而怀有点滴遗憾;他也不觉得事件中有任何值得他感到遗憾的部分。于是孩子会自由地按照自己天性中贪婪而恶意的部分恣意妄为。之后的岁月里,也许他会学着在表面上流露出遗憾之情以更有效地达成自己的目的。这样的人只为自己活,而不为他人着想。

临 床 思 考

以下对于青少年分裂人格的思考以戏剧化的手法展示了缺乏稳固边界的思维模式,即无法对"善"与"恶"进行整合的思维模式。

【案 例】

维利(Willy),一个聪明但深受困扰的 6 岁男孩,正在特殊学校接受治疗。他是一个层级严密的宗教家庭的独子。父母都是仁慈的长者。父亲是会计。母亲,一个理智而知性的女子,是兼职图书管理员。祖母则被人描述成是一个孤僻而奇怪的人。她的成年生活多和"鬼魂"相交,几乎不曾离家半步。

维利不到 1 岁的时候,妈妈就向儿科医师抱怨这个儿子似乎孤立于世界之外,甚至和妈妈也毫无互动。但是医师的回复是孩子一切正常。当大人向他复述音乐性的短语时,维利的语言能力也逐渐得到培养。但是他无法做到连贯地服从大人指令,而且判断力的缺失也令他在缺乏监护时成为家里潜在的危险。

维利第一次接受治疗时,看上去健壮、漂亮、活泼,但是不愿和人进行眼神交流。对他这个年龄层的孩子而言,他的绘画和书写水平已足够成熟。但他的社会交际能力和语言能力却显得异常。他说话时带有一种奇特的颂歌的节奏,仿佛一个正在跳绳的小孩一样。但他走进大厅时,却会兴高采烈地自言自语道:"库柏医生是个好人,真是个好人。我们把海龟油和伍斯特酱洒在上面!接着他回来了。嗯,嗯,嗯(此处含糊不清)……更换前它已经渗到底部。修一下。把它擦亮。"

和维利相处给人的感觉好像是一眼瞥见无数人物与场景的碎片,就如同一场梦。人们要辨别出他是在讲述房间里的事物还是在描绘脑子里的画面并不容易。尽管他的语言给人感觉很混乱，但是维利还是一个讨人喜欢的小家伙。

治疗的目的在于通过拼合这些毫无关联的碎片重新整合出富有逻辑的感受或想法。在前几个疗程中，维利用花彩和玻璃纸带将办公室的两面墙连在了一起，搭起了一个相互粘连的网，充满了整个办公室的空间。

医师和维利一同在办公室里构建了一个"小世界"，从而增进了一种共享的现实感。一天，维利正端详着一只对于医师而言具有特殊情感价值的咖啡瓷杯。维利小心翼翼地将杯子举向稀薄的空气，仿佛其下有一个假想的架子，然后他就放了手。于是杯子应声落在了地上，被砸得粉碎。

"维利！"医师痛苦而愤怒地大叫。他用令人恐怖的眼神和维利对视了几秒。维利的脸上立刻流露出后悔、恳求和恐惧。于是，医师仁慈却不真诚地说，那个破杯子不要紧。但这个说法显然很愚蠢，因为两人都心知肚明这个杯子很重要。在医师的愤怒中，一个真相水落石出——维利身上的某种东西默许了他的思维的混乱以及条理的欠缺，他在这种混乱中获得了一种快乐，并将它作为一条实现奇思妙想而不必顾虑现实的渠道。

这一刻强烈的亲密感——如有些人所说，是心灵的交汇——标志着维利在界定前因后果、思维和现实、自我与他人方面快速成长的起点。

几个月后，医师开始为度假作准备。维利似乎没有听他解释，只是兴奋地神游，喃喃自语。最后，他向窗外探出脑袋，忧心忡忡道："坏……"医师说道："是的，确实不好。我的离开让你生气。"维利停止了呓语，直视医师的双眼，接着他调皮地咧嘴笑道："我们马上悄悄地把'坏东西'打扫得一干二净。"

尽管维利很聪明，但是要让他形成逻辑思维还是不容易。他对于自己在何处打住，他人又从何处开头似乎并不太清楚。一切简单的区别在他那儿也都是模糊的：昨天和今天、妈妈和自己、起因和结果的类别与界限在他的头脑里融合在一起,就如同一幅被雨淋过了的水彩画。

自我的困扰——思维、情感、表达的缺憾——属于人格分裂者的特点(Kraepelin 1919)。这一缺陷使得维利无法建立起可靠的主观内化的心灵结构。有人说,这是分裂人格的根本问题,即一种思维混乱(Bleuler 1911)。

因而,维利内在的稳定"父母"形象的缺失并非环境型缺失——他的父母足智多谋,而且充满同情心——而是孩子无法铭记、建立和把握这一内在形象的生理性缺陷(Bender 1947),这一系列本我(ego)问题会导致超我的困惑。这并不意味着"善"与"恶"对于维利毫无意义,但他习惯于以一种具象而魔幻的方式去应对这些概念。他不把善恶作为一种自己和他人所固有的特质。对于维利而言,"恶"的问题可以通过具象的方式作出应对。比如,人们可以用扫帚把它清理掉。

动机此时也进入了我们讨论的界面,因为比起现实的方式(要求付出努力),维利对于魔幻的解决方法(相对而言更为容易)抱有较深的信念。他自我防卫的模式是基于原始而魔幻的心力投入及投射(introjection and projection),在这种思维模式中将自己视若他所珍爱之物的一部分,同时唾弃他所厌恶的东西(Winnicott 1956)。

维利处理道德的病理式的具象手法不仅是一种缺陷,也是为了保持医师在他心里完美无瑕形象的防御式的手段,因为它可以使之远离可恨的假期并消除自己的愤怒——一切都可以被堂而皇之地扫除干净。这是一种典型的人格分裂实例。它抵制对于善恶,个体与他人的整合,以保护理想化的内在人际关系不受激进冲动的毁灭(Kernberg 1975)。

从孩子性格成长的角度而言,维利正艰难地完成着6岁儿童在婴儿期为未来埋下基石的成长过程,虽然这一过程不尽完美。我们尤其注意到维利正逐渐培养着自己的责任感和让他人为本身行为负责的能力。他不想变坏,也不想让他所挚爱的医师变坏。实际上,通过淘气的分裂小症状,他意欲主动和医师合作。孩子要求医师卸下造成自己焦虑的责任。在他诙谐幽默的建议中,我们看到这个在精神世界虽有缺憾却依然心地善良的孩子对她(指医师)所传达出的一种宽厚仁慈及关切挂念。

（以上部分译者：陈佳雯）

七 关注他人

对事物的兴趣

　　当许多家长看到自己孩子的价值观与想法是由经济利益驱使时都会感到很失望。孩子们会仅仅因为一件玩具或衣服并不贵重而嫌弃它,甚至会因为自己伙伴的家庭并不富裕而瞧不起他们,这些现象都让家长头疼不已。家长们希望自己的孩子能够抵御住物质主义。这种想法通常与家长们的一些美好的愿望有关:他们希望孩子在理财时能够学会节俭,能够目光远大,能够严于律己。家长努力让自己的孩子明白钱得来不易,同时他们也希望孩子们能够顾虑眼下家里的经济状况,并多为别人着想——其他家庭成员同样需要钱。当看到自己的孩子嘲笑那些穷人的时候,家长们都会感到十分苦恼。由于习惯于从一个成年人的视角来看问题,因此家长通常会认为这些问题仅仅与财产和金钱有关,从而就很容易忽略这些问题关系到孩子的品质:它关系到孩子们是否能够慷慨、感恩、与伙伴共享事物、为别人着想、重情义。家长会认为帮助孩子抵御物质主义仅仅是教他们如何理财,事实上,孩子们从这里学到了如何与人相处。

　　对于那些生活匆匆忙忙而感情匮乏的家长而言,物质主义是一个特殊的挑战。忙碌的生活源于经济负担的压力以及现代社会对于物质、金钱的重视。这些忙碌的家长只顾虑这种忙碌生活的后果以及他们孩子对于金钱、玩具、衣服等物质的追求,而并不关心人类需要的更高价值。而有些家长则关注着我们这个社会不同阶段高度的商品化,同时也思考着他们如何阻止孩子堕落成一个单纯的物质消费者。

　　这个世界中的贪婪现象让家长们十分苦恼,他们会竭尽全力地阻止自己的孩子沾染上这种恶习。这些家长惯用的策略就是阻止孩子接触物质与金钱。可是,这种方法只能使孩子更加贪婪。父母们最担心的就是他们的孩子变得贪得无厌——"他永远不会满足的!"这是家长们惯用的语气,然而,恰恰是这种语气不断地提醒孩子他还没有得到他想要的东西。于是,孩子们从家长那里并没有得到满足感,而是更加专注于他们想要的东西。这些孩子会不断地抱怨,不断地试图得到这些东西,从而变得更加地贪心。

家长们为了避免鼓励孩子们的贪婪而一再地拒绝孩子的要求——甚至是一些极为普通的要求。然而,如果家长很干脆地给予孩子想要的东西,孩子便会十分开心,并对父母充满感激。此外,孩子在拥有一件事物短暂地兴奋之后,会感到有些厌倦并渴望新的事物。家长也很希望看到这样的情况,因为当孩子反复体验过这种经历后,他们会慢慢淡化对物质的追求,而转向那种更持久的、精神上的追求。

相反,如果家长拒绝孩子的要求,那么某种事物对孩子的吸引力不但不
125 会减少,反而会大大加强。家长对孩子的阻挠,将会引发孩子对那件事物的执著,对拥有那件事物的人的嫉妒,以及对家长的失望。

当父母一次又一次地拒绝孩子的要求,这种拒绝也就暗示了孩子的兴趣并不是快乐的源泉,而是不和谐的源泉,这就同关于食物、性以及钱上的问题一样。其实,任何一个小孩都清楚地知道他不可能拥有他所期望的一切,因为现实世界中充满了挫折与残酷,这些已经令孩子们明白了一个人的意志是不可能控制现实的。无法走路是因为鞋带被缠住了,坚硬的地板会一次又一次的伤害学走路的小孩——所有的这些小困难和令人沮丧的意外帮助了小孩明白在现实中是需要努力和拼搏的。我们所爱的人来到世界,随后又离开,我们的父母将要死去,我们自己也会寿终正寝,这些都证明了我们必然要向现实低头。同样,父母并不会由于无法为孩子提供那些不可能的事物而自责,他们会十分和蔼、冷静地向孩子解释仅仅是心中的愿望并不能使人死亡,也不能使死而复生。家长会轻而易举地让孩子明白他们无法把一只斑马当成宠物,也不能拥有一架真正的直升机。

可是,一些父母仍然深深地感到他们必须通过挫折教育来使孩子明白这些现实早已教给他们的道理。事实上,家长们的工作就是使孩子能够更好地面对在现实中所受到的挫折,并将这种挫折的伤害尽量减少——而不

是增加。父母不需要扮演现实的角色，现实已经存在了。父母的任务仅仅是帮助小孩理解这个世界并很好地利用它。

父母总是担忧如果他们给孩子所喜欢的东西，就会宠坏孩子，使他们变得贪得无厌、变得自私。但是，如果想让孩子变得友善、温顺、慷慨，唯一的办法就是：家长对孩子要友善与慷慨——并且不是仅在某些场合下，而是在所有的场合都要如此。

如果孩子生活在一个苛刻的环境中，并一而再、再而三地经历父母无情的拒绝，那么他们会渐渐变得铁石心肠。拒绝孩子的要求并不能教给孩子认识到他们无法得到所期望的一切，相反，这样做会让孩子痛苦地认为父母并不希望自己快乐。

那些不断拒绝孩子的父母会感到他们孩子的贪婪心愈发厉害了。这些父母急切地想让孩子知道生活并不是公平的，也不是充满乐趣的，任何事物都是有代价的。于是，他们一次又一次地拒绝孩子的要求。面对父母无情的拒绝，孩子们别无选择，只能不断哀怨、索取、发脾气甚至是盗窃。这使得家长更加苦恼，但他们却更加认为自己的选择是正确的，因为他们发现，自己孩子的贪婪心是如此可怕！

当家庭经济状况并不是很好的时候，称职的父母会因为孩子不断地可怜兮兮地索取各种事物而感到难过。由于没有能力满足孩子的要求，这些父母感到十分痛苦，这令他们陷入无助和自责之中。在这种情况下，这些家长就应该告诉孩子他们其实十分愿意满足其种种要求，只是现在还办不到。这会使孩子得到满足，因为他们至少知道了父母内心是关爱自己的，希望让自己得到快乐的。

有时候，父母会因为孩子的要求而头疼：孩子的要求越合理，家长就越难拒绝。此时，父母通常会由于无法忍受孩子一遍又一遍的请求而大发脾气："我跟你说了多少遍了！我不会在这件事上浪费钱的！"这使得小孩觉得这全是他的错，同时，他也会感到受伤和羞耻。父母这样做可能会使孩子安静一些，但这只会让孩子感到难过和孤立。孩子会慢慢觉得他之所以没有得到他所想要的是因为他不配得到：他惹父母生气了。有时候，家长会由于家庭经济紧张而苦恼，因此他们情愿隐瞒事实，而让孩子认为他们之所以不给他买东西是在处罚他。这样做也许会给父母一些自尊心，但是却忽略了孩子的感受。

127

孩子自己的钱

由于担心孩子变得贪婪,家长通常会让孩子认为他们有一些自己的钱。这个办法屡试不爽,孩子们在拥有了一些可观的生日礼物之后,会觉得自己很富有、很强大、很受别人喜爱。这些孩子会从祖父母慷慨的赠予以及朋友们的各种礼物中体验到一种美妙的感觉。这种感觉会令孩子相当振奋,因为他们会自以为避开了如守护神一般监视自己所拿的每一分钱的父母。

孩子们在获得一笔零花钱用以购买自己喜爱的物品时,通常会非常开心。这些孩子的想法很单纯,他们希望靠自己的能力来体验生活,并为其添加色彩。因此,让孩子们通过一些工作来赚钱也是很好的,如看护幼儿、送报纸和一些其他合法的工作。至于大一些的孩子参加成人工作而赚到正式的工资,这则是另外一个问题——这些赚正式工资的孩子们真真正正地脱离了自己的父母而与雇主有了一个纯商业的关系。

然而,不论家长口头上说得有多么动听,他们都不会完完全全让孩子拥有自己的钱,他们会在背后严密监控着孩子所拥有和花掉的每一分钱。这样做并没有错,因为教育孩子如何处理零花钱的重点其实是在教会孩子如何处理与父母或他人的人际关系。在这种情况下,处理一些零花钱并没有让孩子为将来的理财作好准备,而是让孩子为将来的人际关系作好准备。孩子会由此学会通过相互之间的诚信与慷慨来从他人那里得到自己想要的东西。

允许孩子拥有零花钱本该使父母与子女之间关于什么东西该买什么东西不该买的问题更为简单化,但事实上,这个问题却被复杂化了。父母始终

128 阻止孩子买一些根本不合适的东西,即使是孩子攒够足够的钱了。这些家长认为孩子们真正需要的东西早已经买下了。然而,孩子的消费观与父母截然不同,他们仅仅是努力得到自己想要的东西,而不是必需的东西。在孩子看来,那些他们想要的东西往往是父母不想直接给予他们的,因此,要得到它们就必须靠自己的努力。家长通常警告自己的孩子要把零花钱积攒下来,孩子也明白这种警告只不过是一个委婉语,家长真正的意思是:"我不允

许你买这样的东西。"同时,另一些孩子则被这种委婉语迷惑了,由此他们忽略了真正的问题:"为什么爸爸妈妈不想让我拥有它?"而且也无法得到真正的答案。

给孩子零花钱在一些家庭中起到了良好的作用,但是在另外一些家庭中则引发了无尽的争执。这种没完没了的争执是因为它的对象是位于金钱和财产层面,而非人际关系和情感层面的——在这个层面上,解决争执是可能的。一些精明的孩子十分敏锐地看穿所谓"自己的钱"的假象。他们明白是父母决定他们能拥有什么、不能拥有什么。这些孩子有可能会变为一个不厌其烦的谈判者、索取者、辩论者。而这样一个执著于某物的具有强烈欲望的孩子会令父母感到十分厌烦,因为这些孩子深知父母波动的心情决定了他们能否获得某个梦寐以求的东西,所以他们会一遍又一遍地无视父母的拒绝,一遍又一遍地重新提出要求,期望父母的心情能有所改变。但,这些孩子无止境的要求并不是一些不现实的东西(如一个大象或是去巴黎旅行),他们向爸爸妈妈要求的东西通常是在父母力所能及的范围之内。

父母与孩子相互较量的重心在他们彼此之间消极情绪化的对话之中。这种令人不愉快的态度使得相互作用的机制在家长与孩子两方面产生负面影响。孩子一次又一次无视父母的拒绝,这令父母也甚感生气。而孩子也不能理解为什么父母总是厌烦自己提出的要求,尤其是当自己一遍遍反复提时。孩子们的想法很直接、很单纯,他们只想得到某个事物,而不考虑其他因素,因此,无论家长如何向孩子唠唠叨叨解释这种事物完全没有必要,如何不厌其烦地以其他理由反对孩子买这个东西,这种企图都是没有用的。

如果父母由于某种原因对孩子变得非常温柔——也许是出于对孩子突然变得有耐心、无私、为别人着想而感到高兴——他们将会非常乐意给孩子买那件引起无数争执的东西。而且,这样做之后,父母与孩子双方都会深深地知道,孩子所需要的并不是那件玩具,而是父母乐于赠予这件玩具的心意。

129

如果父母让孩子感到十分可靠,那么孩子将会减少恳求某样东西的频率。因为当孩子一再向父母乞求某样东西时,他们只是在验证父母是否真的关心自己、爱自己,所以只有那些怀疑父母对自己是否有感情的孩子才会一遍又一遍地要求,一次又一次地索取。

父母的慷慨

当无数争执发生在钱和购物问题上的时候,人们通常忽视了孩子们需要的并不是家长的金钱,而是他们的慷慨之情。一个小孩对于某物强烈的欲望只不过是他想确信父母乐于施予自己快乐的掩饰。而如果一个孩子相信商品可以替代一些无法用金钱购买的东西的时候,事情会变得很糟。此时,当一个需要从父母那里得到友谊、慈爱、幽默、尊敬和真诚的孩子并没有得到这些的时候,他会转而疯狂地追求商场里的各种商品。这时孩子并不知道他所需要的是无形的东西,也不知道如何去表达他的这种需要。因为这需要孩子具备一种在情感接触中锻炼出来的与人亲密交流的能力,而这种情感接触正是小孩子所缺乏的。小孩不断地渴望得到激励与尊敬,因而很容易使家长厌烦。有些家长觉得孩子的这些要求只是涉及物品,但实际上这牵涉人际关系。

那些难过地说自己的孩子"从不知足"的父母永远是对的。孩子需要的是父母的欢心,而不是他们的难过。由于缺少父母的欢心,小孩们从一些空虚的事物中寻找满足,并不断地更换这些事物。不断索取的孩子需要的并不仅仅是父母的零花钱,他们还需要父母的时间和慈爱。人类来到这个世界上的时候并不是天然就需要钱。人类是逐渐变得利欲熏心的,他们的爱心逐渐消逝,并用不断增长的敛财能力取而代之。真正善良的人——他们慷慨、忠诚、有责任心、体贴——关注的是他们对别人的爱心,而将金钱看作是次要的。金钱是有用且必须的,但它仅仅只是我们达到目的的手段,这个目的就是我们与他人共同的生活。

在达到这个目的的过程中,我们经常可以发现拼命工作的父母,他们在一天结束的时候,也正是自己的孩子需要他们的感情、关心、慈爱以及亲密的时候,此时的父母却已经筋疲力尽了。这些情感只有在一个人精力充沛的时候才能付出,然而这些父母在工作回家后已经累得喘不过气来,别说关心别人,就连自己也需要别人的照顾。当把一切都献给工作后,他们已经无暇去温柔体贴地对待自己的孩子——他们的精力已经暂时耗尽了。

虽然这些父母深深地爱着自己的子女,但是却无法满足他们与自己亲近的要求。因此,暂时失去父爱和母爱的孩子就很容易转向追求其他事物来弥补这种缺失,而这些追求通常是要花钱的。于是,父母陷入了困境:一方面,他们的工作占据了他们所有的精力和时间,另一方面,他们也模糊地感到自己的孩子逐渐变为一个捉摸不透的陌生人。这使得他们感到自责。这些家长就只能通过满足孩子们的物质要求来宽慰自己,这样做一是因为孩子的这些要求是能够被满足的,二是由于这样可以让自己从自责中解脱出来。在这些父母眼里,孩子就是享乐主义者,只要给他们想要的物质要求,他们就会很满足了。

但是,父母们应该明白,为了孩子美好的将来,他们应该花更多的时间陪伴孩子,即使这样意味着在工作上花的时间会相对减少,而赚的钱也会相对减少。只有那些有魄力的家长才能作出决定,宁可降低家庭的物质生活水平也要提高其精神生活水平。这也许首先需要一个很深的信念,那就是相信父母的关切、慈爱和责任心对孩子而言是最为宝贵的财富,同时,也需要相信一个负责、善良和忠诚的孩子也是父母最宝贵的财富。几乎没有一个父母会反对这种看法,但是,匆忙以及以消费为取向的生活通常会令人们忽视它。因此,许多父母尽管深信这种看法,却并没有身体力行。

父母通常没有意识到通过钱来表达对子女的爱会鼓励孩子金钱至上的观念。许多家长总是习惯于在节日或者孩子生日时给他们零花钱,或是把钱作为对孩子的奖励(如倒垃圾、考试得到高分)。然而,要赋予某个特殊的时刻以情感上的意义,钱或礼物并不是必须的。把钱作为对孩子得高分的奖励有许多含义,这种行为将孩子对提高考分的关注以及考分真正的意义都转化成为金钱。为庆祝一个学期的结束以及一份很好的成绩单而特别款待一下孩子并不是不应该的(重点在庆祝上)。而对于差等生而言,他们需要的不是"过了科学课就奖你五块钱"的承诺,虽然有人会说任何可以提高孩子积极性的方法都值得试一试。如果孩子真的需要一辆自行车的话,那么就立即给他一辆,这样孩子会更开心,父母不必非得等到他过生日的时候才满足孩子的愿望。家长们无须教育孩子学会等待,生活已经教给他们这个了:孩子们要一直等到成年才可以做许多自己想做的事情。在孩子生日的时候,可以通过让他成为大家关注的焦点而为他庆祝,同时,可以给他自制的礼物和他最喜欢的食物。这并不意味着在孩子生日中花许多的钱本身

131

是错误的(如果家里有足够钱的话),而是对钱的过分关注会取代对于情感的关注而将孩子与他人的关系疏离。一些父母为给孩子奖励而大张旗鼓花钱操办,通过这么一场道德闹剧(morality play),父母反而鼓励了孩子将金钱看得十分地重要并将其视为生活的目标。

父母应当给予孩子更多的自由,让他们自己来选择自己的兴趣,就算是他们的兴趣也许对于父母而言仅仅是在浪费钱。如果孩子一旦有了某种想法就不断向父母乞求,而父母对于这种乞求一味地敷衍,那么孩子将失去从大的方面来考虑自己的各种要求的机会。家长干脆地拒绝反而让这些孩子不再去认真思考自己要求的合理性,他们与父母永远处在一场拔河比赛之中,永远试图从父母那里得到更长一些的绳子。这样的孩子很难注意到其他家庭成员的需求和困难。相反,当父母给予孩子决定权,父母越慷慨,孩子就越会对整个家庭多一些考虑和责任心。当然,慷慨在这里并不是指花最多的钱,它仅指为孩子的快乐而花足够且合适的钱,这样,孩子就会被深深感动。

变 得 有 用

有些家长为了让孩子尽早步入社会,就用金钱作为孩子干家务的报酬,以此来让他们体验赚钱的艰辛和快乐。随着农村生活逐渐从原来的主导地位退出,家长的这种行为越来越流行。从前,孩子们在农场中确实干活,这对于他们家庭的生存而言是必须的(这种情况至今仍存在于某些家庭之中)。那时候,许多家庭在生活上面临着巨大的困难,然而,与现代社会不同,小孩子面临的种种困难是由生活带来的,并不是由父母强加的。而那个时代的父母会尽力将这种困难减少。孩子的劳动力是十分珍贵的,因为他们所完成的工作对整个家庭而言意义重大。通过这种劳动孩子们找到了自己的价值所在,他们得到了一种心理上的报酬,也正是通过这种心理作用,家长对孩子的贡献表达了自己的感激之情。

孩子的这种价值体现强化了父母与孩子之间的关系,并且以一种原始和传统的方法塑造了孩子的性格。同时,这也激励了孩子们本真的愿望——报答父母的养育之恩。这种经历使一个孩子从梦想者转变成实干者,从无助的需求者变成可靠的贡献者。通过这些锻炼,一个年轻人就由此为将来在家做一个负责的家长、在社区做一个合格的公民而作好了准备。

所有的孩子都希望自己对于父母而言是有用的。在从前的那些一家人为了生存而共同奋斗的日子里,这种情况是很容易发生的,因为孩子劳动的价值是显而易见的。而今天,孩子的工作仅仅是提供了便利性,而对家庭的生存并不重要。但就算是在今天的这种环境中,我们也可以通过创造一个和谐的相互合作的家庭环境,来塑造孩子的性格。在这种环境中,孩子会充满活力地劳动,同时他的劳动也能得到应有的赞赏。

然而,有些家长却以为通过金钱奖励可以达到这个目的,但实际上,这种做法与精神上的奖励是不同的。奖励孩子零花钱以及孩子完成某件事后对这种奖励的期望使得父母与子女之间的关系有了微妙的变化。当父母支付给孩子现金,让他们清理鸟笼或是倒垃圾的时候,父母们很少想到去对子女表达他们的感谢,因为"这些孩子已经得到钱了"。

当这种奖励成为制度化的程序之后,家长与孩子之间的关系就成了赤裸裸的金钱关系。孩子也逐渐培养起"劳动——报酬"这种思维模式,因此,他们将日益失去无偿帮助他人的动力。于是,孩子就会逐渐远离温柔的亲情和真诚的友情。商业化的父母最终将培养出商业化的孩子。如果父母认为他们的孩子并不会无偿地帮忙做家务事,那么他们就会丧失其与子女间关系的信心,就像是干洗工不会因为跟你认识而为你免费熨洗衣服,你也不会因为干洗工感冒了而为他守夜。

家长们应该明白这一点:如果你越是机械化地给孩子布置一系列家务事(如每天需要做的一些事情:整理衣物、遛狗、给花浇水),那么孩子们则越不会有奉献精神,也越不会尊敬与感激父母。这样做固然帮助家长解决一些日常杂事,但是它却使孩子失去对父母的感激,也不会由于感激之情而帮助父母。由于内心的感激而帮助父母与被父母所迫而干家务是截然不同的两种感受。

一个人在他的童年阶段有许多事情要做。如学习就是一件很费精力的事情。它需要孩子的许多努力,并把他们弄得筋疲力尽。如果孩子真是全身心地在学校好好学习,那么就没有必要再给他们增加其他的负担。因为对于家长和孩子而言,他们此时共同的目标就是好好学习,为美好的未来而打好基础。

当然，一个孝顺的孩子应当在家里干一些家务事，如做饭、清洁、购物、看小孩、洗衣、收拾家。不管有没有报酬，把这所有的事情都干完确实是一件不容易的事情。在某些家庭中，人们是共同完成这些事情的，他们怀着共同的目的自愿参与到这种家庭合作中去，这样家才能称之为家，而不是一群在旅店中匆匆过客的集合。当孩子们发现做一些家务事可以使一个人变得更加可靠，而且在成年人的世界中，这种可靠性在人际关系中扮演着十分重要的角色之时，那么他们就更乐于干一些家务。这种经历有助于帮助小孩子将来成为一个体贴的丈夫或妻子，也有助于小孩将来在各个领域表现出团队精神。另外，这种经历还使孩子明白了努力、成就、自足的价值，并且使他们有一种安全感和幸福感。

以人为本的家庭

如果想让孩子成为一个有责任心、慷慨、体贴的人，父母就应当以身作则，他们要尊重人性并以人为本。这种以人为本的教育要从满足孩子的需求开始，孩子在得到父母的关爱和满足后自然就会以相同的方式来对待他人。同时，父母要从全家的大局考虑来适当地满足孩子，而不能无节制地一味满足。有时候，父母会制定某种规章制度来尽可能平衡地满足家庭成员的不同要求，此时，他们就应当让孩子理解这种制度背后的意义，从而考虑到其他家庭成员的需求，只有这样，这些孩子才会学会尊重他人的想法与感受。

在一个充满关爱的家庭中，大家都会考虑到他人的想法与感受，考虑到他人的目标、价值和梦想。在这种家庭中出来的孩子就很容易与人相处。他们在家庭中明白了亲密的交流来自两种途径：一种是要善于表达自己，一种是要成为一个耐心的聆听者。由此，他们能学会如何观察到人的本性，也能够敏锐地判断出一个人的性格。这种重视人的精神，重视对于爱、尊敬、独立、美丽、挑战和成就的需要的最丰富的家庭最能培养出善于体贴人的好孩子，而且家庭中的每个成员都能在这些领域中得到发展和别人的关心。同时，这种家庭中的每一个成员在作出决定时，都会将他人的因素考虑进去,而并不仅仅考虑自己一个人。

在一个以人为本的家庭中,人们甚至乐于同一个 5 岁的孩子玩橡皮泥,用它捏成房子、彩虹、宇宙空间站,即使这些东西只能卖很少的钱。对于这种家庭而言,最好的游戏通常是富有创造性且具有合作精神的,这些游戏仅仅需要很简单的材料,如纸、布条、蜡笔、面糊或者黏土。利用这些材料,孩子们为他们所喜爱的人制作各种面具、报纸、表演用具以及其他各种礼物。对于这些家庭而言,最好的剧院就是生活的剧院,在这生活的剧院中孩子很少会感到无聊。因为此时,他们并不孤独,因为其他人都积极地参与到他们的生活之中,并且为他们营造一种充满信任的氛围。在这种环境下,孩子们很容易摆脱烦恼和沮丧,也可以放心地向他人咨询意见,请求帮助和得到鼓励。

为了创造一个充满共享、关照、体贴的家庭环境,家长需要扮演积极的角色。他们并不需要担心钱的问题,因为他们已经给予了孩子最有价值的东西,那就是生活的意义。生活中存在的意义并不是通过说教传递的,而是通过父母与孩子亲密的交流表达的。同时,孩子在这个过程中也要扮演积极的角色。

有人或许会指出,把家庭的重心放在以人为本上是很容易的事情。但这样做首先需要认识到以人为本的重要性。这种重要性恰恰被一些人所忽视。许多人忙忙碌碌只图赚更多的钱,买更好的物品,却忘掉了一个人生活的真正意义。他们这样做或许是因为生活艰辛所迫,或许是出于其本身的价值观。

父母对于人类价值的取向影响了孩子的情感,包括爱与恨、关心、嫉妒、优越感以及绝望。家长们并不能由于没时间或不耐烦而不去考虑孩子的这些情感。我们有许多活生生的模范家长,他们向我们展示了一个成熟的人是如何以一种富有表情、创造力以及责任心的方式来对待孩子。一个群体之所以能够运转正常,是由于群体中每个人都积极地参与集体事情,都会照顾与尊敬他人,而这样的群体将有能力解决那些难以避免的争端。忠诚、承诺、慷慨的价值并不是凭空说说的,而是需要在具体行动中体现出来的。

这样,父母将会积极自豪地支持孩子们的行为与成就,并且为孩子从青少年阶段逐渐步入真正的独立而感到高兴。他们并非以孩子为中心,而是

136

把生活本身当作重点。这种家庭虽然并没有参与到外部世界的竞争之中，但是它却是一个稳定和谐的来源。当青少年离开父母进入社会时，这种来源仍在其心中，并使其受益。

当孩子作为一个独立的个体而受到尊重时，他们自然而然也就学会了尊重别人。起初，孩子学会尊敬那些他所爱的和所熟悉的人，随着他慢慢地长大，他就会学会尊重所有的人，包括那些陌生人、与他不同的人，甚至是那些与他有直接冲突的人。同与自己意见一致的人交往是很容易的事情，但宽容那些与自己意见不一致的人却是一件困难的事情。

许多孩子对于宽容的理解受到家庭环境的影响。父母应当让孩子知道，在讨厌一个人观点的同时也可以喜欢他。他们应当在日常生活中向孩子展示，成年人之间的争论仅仅是意见的交流，而并不存在一个辩论的胜利者去说服一个失败者，使其沉默，或羞辱他。这一点在一些家庭中很难做到，因为在这些家庭中，一些人总是希望在每次谈话中占到上风，他们总是希望比对方叫得更响，或是每个人都小心翼翼地避免任何一次可能引发争端的讨论。但是，真正对别人的尊重是建立在孩子对他人意见具有天然的否定趋势的事实之上，这种尊重也依赖于孩子最终学会以其他的方式来表达自己的否认，而不是冷冰冰地且无礼地说："真有趣！我一点也不赞同你！"父母应当在餐桌上引导辩论，这样就使得那些胆小、柔弱的人的声音不至于让那些声音大且活跃的人的声音所淹没。父母并不需要把这种谈话弄得跟正式会议一样，但是他们得让每个人都能说出自己的意见。

有些父母急于让孩子与自己持同一个观点，那么他们将很难尊重孩子自己的观点，尤其是当这种观点看起来十分愚蠢的时候。于是，这些父母就很容易丧失宝贵的教育机会，而通过这些机会，他们原本可以教给孩子如何在表达自己观点的同时也要承认分歧，并为不同的观点留下发展的空间。

心 胸 宽 广

让孩子尊重他人不同的想法与感受是一件受益终身的事，它能培养孩子的公正心。这个世界中存在着的众多不同引发了群体之间"我们与他们"的紧张关系，这给父母教育子女带来了挑战。父母们希望孩子在为自己而自豪的同时也能尊重他人,也就是说,他们希望孩子能乐于站在他人的立场上考虑问题。要达到这个目的的最好的办法就是,在孩子意识到这个世界存在着偏见和歧视之前,父母就要身体力行为孩子做出一个积极的榜样。他们必须努力帮助孩子理解种族迫害自古以来就有的原因,并让孩子明白自己的家族从来就抵制各种形式的歧视。为了让孩子相信公平与正义,家长们就应当自己做到这一点。

拥有很强集体意识的父母应当明白这一点:他们对孩子作为一个独立个体的支持会有可能与他们对某个组织的忠诚冲突。隔离孩子,不允许他们结交这个团体之内的朋友(或者是将来不准他们与这个团体之内的人相爱)会使孩子学会歧视他人,也会使孩子认为所有的父母都会如此限制其子女。这样做并不利于培养孩子的自尊心。父母希望孩子能与自己所属的组织有密切的交往,这已经是很普遍的现象了。我们也不能责怪这些父母,但是,这些家长应当认识到这一点:他们对子女的种种限制不利于孩子们以自己的方式——而不是以父母的方式——来体验这个世界。一个认为自己的生活方式十分重要,并积极地投入到这种生活方式之中的孩子会主动结交那些与自己具有相同兴趣爱好的人。相反,另外一些孩子则由于害怕父母的责备而远离那些与自己背景不同的人。这两种情况截然不同。

为了使孩子更加友善、更加礼貌,我们必须让他们在与别人交往时把重点放在他人的个人品质上(而不是他们所隶属的组织)。这样做能够培养孩子独立的人格,而父母是无法左右这种人格发展的。

自私和搞破坏是小孩子的天性,也是小孩子气愤、嫉妒、憎恶(这些同样是孩子的天性)的表现形式。而随着孩子们逐渐懂得考虑他人,逐渐相信和理解公平正义,他们就慢慢得学会克制住气愤、嫉妒和憎恶的情绪。他们学会了以一种更加成熟和有效的方式来表达自己的这些情绪,正像他们眼中的成年人那样。我们发现小孩最初是粗鲁狂暴地发泄自己的情绪,但是经过父母——也只有经过父母——一段长时间的深入而耐心的情感交流,孩子会学会冷静地处理这些情绪。

一些成年人在仇恨、犯罪、战争之中表现出极强的破坏性,这来源于其童年一些不好的经历——他们并没有感受到被爱与受到呵护的安全感,由此也无法克制自己仇恨和嫉妒的冲动。在那些充满暴力与动荡的社会中,独裁的统治者总是煽动人们的嫉妒心,从而使他们去攻击那些得到好处的团体。仇恨在世界范围内的传播来源于图谋不轨者对于公众的怨恨以及对于自卑情绪的利用。而那些在童年时代享受过安全感和满足感的人,他们在成年之后仍会保留住这些感受。这些人并不会轻易受到煽动,他们会把其他团体中的成员当作一个独立的、有权利的个体来对待。从这个意义上而言,那些富有爱心、彬彬有礼的父母不仅教育了他们的孩子,而且还为整个人类作出了贡献。

临 床 思 考

【临床案例】

梅勒妮(Melanie),15 岁,在她伪造支票后被送到医院接受精神治疗。她父母知道她伪造支票后十分地愤怒,并狠狠给了她一记耳光。梅勒妮的不轨行为很容易得到解释。她是一个独生女,也是一个自恃优秀但其实却很普通的学生。据其父母称,她有一些前科,如复仇、反叛、越轨等行径。梅勒妮的父母不喜欢她的男友。由于忧虑症(panic attacks)的困扰,梅勒妮的父亲(一个推销员)咨询过精神病医师。也正是这个医师推荐让梅勒妮接受儿童临床医师的治疗。

在临床医师与梅勒妮父母谈话时,其父亲滔滔不绝,并不时地让妻子来证实他的话。尽管他的妻子表现得十分机械和无趣,但是她仍然非常顺从地迎合丈夫的观点。当他们发现梅勒妮伪造支票后,就将她在家囚禁了 3 个星期以示惩罚。而梅勒妮不知悔改的态度也让其父亲十分恼怒。他认为,诚实在生活中是一个非常重要的品质。临床医师发现,即使是这样,梅勒妮父亲在谈话之中仍然带有一丝满意的神情。

梅勒妮与其母亲长得十分相像,她是一个瘦小的女孩,表情略带反叛。她表面上看起来极为冷酷且饱含讥讽,并且她声称,她可以易如反掌地离开父母。也许,没有父母的管制,她会更好一点。梅勒妮并不把她伪造支票当回事(令医师惊讶的是,她仅仅伪造了价值 12 美元的支票)。

这个女孩给人最为深刻的印象就是她对于治疗的轻蔑与怀疑,并且不相信这对于她会有任何的好处。"为什么你们不去治一下我父母?"她冷酷地说。虽然梅勒妮冷嘲热讽,但是医师发现,这些并不是针对他自己,而是针对这种治疗。

在几周的时间内,医师与梅勒妮及其父母谈了好几次话,有时分开谈,有时一起。这些谈话的主题大多是关于梅勒妮不上不下的学习成绩、她的男朋友以及她没有"给予"父亲应当拥有的一些东西,如信任、感激和尊敬。在这几周中,医师始终为这家人的到来而感到头疼,而这家人似乎也对医师有相同的感觉,这从他们取消约会的次数中可以看出来。这个医师有一个不太好的感觉,即他觉得这种治疗是"虚幻"的,因为他在这个治疗当中并没有抓住重点。

在寒假的一天晚上,这个医师被一个电话吵醒。在电话中,他得知梅勒妮过量地服用了其父亲的药物,为此她正在接受治疗。带着不安,这个医师就这个案例去请教一个年老的同事,他相信自己"忽略了某些事情"。

这位老医师把注意力集中在了一些他认为毫无关系的细节上面:即那位精神病医师对梅勒妮父亲的治疗。"这不是另外一件事吗?"年轻的医师问道。而老医师认为,在表面上看确实如此,但是他提醒年轻的医师,这件事正是他忽略的"某些事情"。对这个家庭的治疗并不是仅仅局限于这位医师的办公室中,还在别人那里,而年轻的医师对其他的治疗方法并不知晓。难道从中就不会洞悉一些重要的信息?

带着这种想法,在梅勒妮出院后,这位医师又与他们一家见了面,并且要求了解一切。起初,梅勒妮父亲拒绝告诉医师关于他治疗的个人隐私。然而,医师坚持要知道,并解释说如果不能得到他们的积极配合,他将无法提供有效治疗。但是梅勒尼的父亲再三拒绝了医师的要求。这对于梅勒妮很危险,因为在束手束脚的情况下,医师并不能帮她任何忙。

在这一点上,梅勒妮的父亲极为愤怒,并且自以为是地抱怨道:"你不能就这样不管我们。你这是在放弃你的病人!"说这些话的时候,他表现出一丝幸灾乐祸,仿佛是抓住了这个医师的错误一样,这与他在梅勒妮伪造支票后的表现如出一辙。但是,医师并没有表现出自责,他很有分寸地说："我并没有放弃你们，而且我也乐意为你们找到别的医师，他可以在你们拒绝配合的情况下提供进一步的治疗。但是，我要说明的是，如果你们不告诉那些我想知道的事情，我就对梅勒妮的安全不负责任，因为是你们的消极配合影响了治疗效果。"

在随即而来的一阵沉寂之中，医师仿佛能听到自己的心跳。梅勒妮打破了这种沉寂："爸爸，咱们还有什么好隐瞒的?"她爸爸笑了，然后突然转变了自己的态度。他松了一口气说："也许这样做会有些愚蠢，但是你可以去看我的治疗记录了，我并不介意。"但是他并没有回答为什么他从前一直隐瞒，而对于这个问题他只是一笑置之。

那天下午，这位医师与梅勒妮父亲的精神病医师电话彻谈了一番，并取得了梅勒妮的住院和出院记录。通过了解，医师得知梅勒妮父亲与他的一个同事曾有过好几年的恋情关系。显然，这个同事不停地给梅勒妮父亲施加压力，让他离婚，但他却不愿意这么做。在这个充满激情和担忧的三角恋情之中，梅勒妮父亲陷入了深深的忧虑。

从社工为梅勒妮所做的住院笔记中，医师发现在过去的一年中梅勒妮与其男友发生过好几次性关系。当梅勒妮请求其男友停止这种性关系的时候，他则威胁梅勒妮说要离开她。这使得梅勒妮大量服用了父亲的药物。可惜的是，医院的高层人员并没有注意到这项记录。当梅勒妮住院后，她又换了套说法。她说她之所以服用药物是由于家庭不和。出院总结中的诊断评估认为梅勒妮的自杀企图仅仅是"情景性的"，而那个真正促使她自杀的原因却不为人所知。

医师由此受到很大的启发，并认为自己终于开始弄清楚事情的始末。一个假设的轮廓开始在他脑中形成。梅勒妮父亲对其母亲的背叛深深地影响了她，使她长期处于一个充满欺骗的环境。由此，医师怀疑梅勒妮早已知道父亲的外遇，或至少开始对这种不可靠的感觉作出反应。

她害怕跟她母亲一样无法"管住"自己的男人。梅勒妮希望从母亲那里拿到她无法得到的东西，然而，她却取走一张支票。出于某些原因，她将母亲视为一个无助的门前垫。梅勒妮不想步母亲后尘，于是她就模仿父亲，做出了一些越轨行为。她学会利用母亲（通过假造她的签

142

名），同时开始与异性交往。她拥有自己的秘密，她选择与那个以自我为中心的男友发生性关系，而她的男友则并不把她当回事（正如梅勒妮父亲对母亲的所作所为）。

与此同时，梅勒妮也受到父亲的围攻。父亲指责她的缺点，而这些缺点恰恰也是父亲自己的：欺骗、不真诚、不感恩。梅勒妮不信任她的父母，由此也不信任任何人。她干脆将自己隔离起来，远离父母和医师的帮助。但是她又太不成熟，亟须他人的帮助，因此她也无法真正独立。于是，她追随自己男友。虽然这个男友并不认真对待她，但这却俨然成了梅勒妮最后的救命稻草。

在下一次的会谈中，这位医师率直地鼓励梅勒妮一家敞开心扉同自己交流。于是父亲小心翼翼地提到了自己曾经的外遇，而母亲也表示她早已有所察觉。梅勒妮盯着天花板说："我才不想听这些呢！"

在接下来的会谈中，梅勒妮与医师建立了治疗关系，同时她也由此摆脱了其父母所作所为对她的困扰，并开始专注于自己的事情。从此，在养育梅勒妮这个问题上，父母两个终于开始夫妻一条心思。他们不再考虑婚姻以及其他问题对于梅勒妮的意义。虽然梅勒妮父亲仍与同事保持恋情关系，但是他与梅勒妮的关系大有好转。

143

这个案例说明了为人父母者首先必须做到行为端正，然后才能确保孩子道德健康。梅勒妮的父亲，虽然说并没有太过分，但在很多方面还是表现出自私的性格。他非但没有得到妻子及女儿的尊敬，而且还经常迁怒于她们，并从未考虑过他人的感受。在他看来，他人不过都是为他而存在的。梅勒妮父亲对于母亲的背叛，只不过是其个人性格的一个症状，而这种症状还存在于他的其他人际关系之中。

梅勒妮的对象关系能力（capacity for object relations）受到了来自两方面因素的破坏，一是她的自恋情结，二是她对父母双方性格的继承——利用他的父亲以及受虐待的母亲。梅勒妮对父母十分失望，而这也成为她违背规矩，任意行事的理由。

像梅勒妮这样一个内心滋生着幻灭感的年轻人不愿相信任何事，发展到最后，她甚至连自己也不再信任。这些早熟的愤世嫉俗的年轻人会堂而皇之地违反规定(比如这个案例中的梅勒尼伪造支票)。同时,那种内在的对完美的追求是这些年轻人无法抵挡的倾向,而这种需求的破灭又最终会使他们产生消极的反应。("如果我是一个优秀的女儿,爸爸不会不管我的。")

如果患者缺少一个真诚的家庭,那么在治疗中就会表现出这样的缺点。这些家庭通常阻止医师得到一些重要的信息。尤其是那些公然反社会的人们,他们更倾向于向医师隐瞒一些重要的信息。较为常见的是,一些家长不自觉地将信息分散给不同的医师,这样,难以有人了解事情的始末。

144 有些家庭拥有不止一个精神医师,这样反而会成为治疗的一个障碍。当一个家庭成员接受甲医师的治疗,而其爱人或父母接受乙医师的治疗时,将会产生一种情感冲击的分散,从而影响治疗的效果。反移情(countertransference 指治疗师自己还没有解决的心理情结,在治疗过程中由于某种原因被激活而将这部分内容投射到治疗进程中)的扭曲,经济因素的考虑,同行的嫉妒,以及对于不同治疗模式的僵硬使用,这些因素都使得不同的医师执著于自己的观点和看法,并最终损害了那些接受治疗者的利益。

八 在学校中的公民意识

学 校 的 纪 律

美国公立学校历来都认为它们的教育包含两个方面：一个方面是"三个 R"——读(reading)、写(writing)、数学('rithmetic)，另一个方面则是公民意识的教育(citizenship)。这种教育领域的成功取决于孩子的性格——这些领域不仅包括孩子对知识的掌握，还包括对民主权利的使用。同时，学校的教育也有利于孩子性格的培养，并对他们的成长至关重要。

负责幼儿园的人总认为他们的工作就是教育，但其实他们并不能教给孩子任何知识，因为学前的孩子并没有为接受这些知识而作好准备。虽然这些孩子做好了与人交往、创造事物以及接受有趣经历的准备，但是他们并没有准备接受系统的教育。学前的孩子仅仅是在那里，他们处在一个现在时态中。他们并不努力去为将来到某个地方而努力。他们忙于现时(being)，而并不去为将来成为某个人物而奋斗。幼儿园并不是一个孩子努力奋斗的地方，小学才是这种地方。真正的学校是需要努力与时间的。

孩子们在能从学校中学到什么之前，必须已经作好充分的准备。这种准备包含着孩子将来的梦想、希望，以及付出努力的决心。一个人的工作能力总是与他的心态相关，这意味着他必须放弃一些更为有趣的事情。只有内心充满奋斗的决心才能达到这一点，也就是说一个人必须清楚地意识到自己的职责。这些态度是从一个人的童年开始培养的，它们形成了一个孩子的性格，并在孩子成长过程中继续发展。好的学校能够鼓励和加强孩子的这些态度，但却不能把这些态度"教"给他们，除非这些态度已然存在于孩子的心中。

只有在孩子的这些品质得到巩固之后,才能教他们一些专业知识,如算术、造桥、读书或装饰一个椅子。当然,有时也会有一些意外,如我们也许会见到一个4岁的音乐神童,同时也会发现一些孩子直到10岁才能阅读。虽然一些对书有兴趣的小孩很早就学会读书了,但是他们并不能真正学到些什么。通常,一个孩子只有到了六七岁的时候,才有可能接受真正的教育。我们也没有任何窍门可以提前这个时间。在孩子为学习作好准备之前,他们不可能培养出任何学习习惯。

一个幼儿园的小孩可以坐下来写写家庭作业,然而,作业对于小孩而言更多带有娱乐成分,就像他们穿妈妈的高跟鞋玩耍一样。但是,一个8到10岁的学龄儿童就要懂得更多,他会十分沉稳地跟他的朋友们说:"我现在不能玩,我还有许多作业呢!"在这个取舍的时刻,孩子们表现出来他们的本性。也许,他们会因为放弃与伙伴们一起玩而流露出遗憾之情,但是他们这么做却是十分严肃的,并且在内心深处也为自己的决定而骄傲。对于孩子而言,放弃玩耍去完成作业,这是一件他们必须为自己而做的事情,因为他们十分重视自己的未来。这是孩子自尊心的表现,同时,它也使孩子在学校中取得优异的成绩。这又增加了他们的自尊心。这种自律精神对于一个孩子而言,十分重要。

我们有时会看到一个孩子完全出于本身的兴趣而去努力掌握一门知识,这是相当好的一件事情。然而,大体而言,孩子们之所以会努力学习是由于他们相信这会给他们日后的学习打下基础,并最终帮助他们发挥自己的潜力,同时,也由于他们相信只有这样,社会才能提供给他们满意的报酬。这样的人非常自信。

147　　学校的一个作用就是使孩子对自己的人生道路有所思考。这并不意味着他们在这里决定了自己未来的职业,而是意味着他们有雄心壮志去成为某种人物。他们决定为这个世界做些什么,同时他们也知道,这首先需要学会读、写以及数学,也需要培养自己的责任心。小孩们都懂得这个简单的道理:如果他们不认认真真为自己的将来作好准备,他们是没有办法实现梦想的。

一个孩子的成就感与他在学校中的表现紧密相连。如果在学校的表现并不出色的话,他们就会感到苦恼和焦虑,即使他们表面上装成玩世不恭、自信满满、不屑一顾的样子。而其他孩子也会以学习成绩来判断身边的同学，他们可怜并且瞧不起那些学习跟不上并且心不在焉的同学。

一个孩子之所以能够集中精力在课堂上认真听讲是由于他有内在的动力。这并不因为他喜欢课堂上的内容，也不是因为他想避免麻烦，而是因为，他看到了自己学习的目的与老师讲课的目的是一致的。他知道，老师教的是全班而不是他一个人，所以，他也不能对老师有什么特殊的要求。对任何一个学生，老师都不应当有特殊照顾，他们理应做到非常公平。而老师与学生之间的关系也无须非常亲密。不过这就涉及教育的另外一个问题了。

老 师 的 角 色

老师只能在学生的性格基础上开展教育。如果一个孩子并不是由内在动力推动他来追求自己的人生目标，那么就连老师也无能为力。此时，孩子"身在曹营心在汉"。因此，有些家长会要求学校增加课程的趣味性，以此来吸引孩子。但是，教育本身并不是娱乐性的，尤其在起步阶段。那些要求学校增加趣味性的家长忽略了事情的真正意义，他们把孩子看成是一个任性的婴儿，随时都需要别人给他取乐。这样做会宠坏孩子。这部分父母对孩子的性格一无所知。他们这样做注定会失败，因为学习不规则动词或西班牙出口货物永远也不及最新的电视节目或是捉迷藏有趣。仅仅做白日梦是无法让孩子学到什么的。

虽然那些最优秀的老师非常关心他的学生，并以温柔、幽默的态度对待他们，但是对于评分制的学校而言，学生都明白他们在此负笈的原因。孩子之所以勤奋努力、刻苦学习就是因为他们十分重视自己的未来。也许，他们也会遇到不同寻常的老师，他的课很有趣，但是对于大多数老师而言，课堂都是枯燥和无聊的。这与我们的祖先在丛林中学习如何做独木舟或剥树皮一样。

孩子们更崇拜一个安静且严谨的老师，这样的老师虽然不会使她的课堂变得栩栩如生，但是她却能营造一个很好的学习氛围，而在这个氛围的促进下，学生们会昂首阔步地前进。学生也许并不能说清楚他们为什么喜欢这种老师，他们通常只会模模糊糊地回答道"因为她很严厉"，而真正的原因

148

其实是"因为老师很高尚"。这说明孩子是看重纪律的,也是热爱学校的。当然,如果是出于对学习本身的热爱而学习,这则是另一回事。这种情况通常只有在青少年阶段或成年阶段时才会出现。热爱学校是一个孩子对幸福追求的反应,只有他们刻苦努力取得成功,才能获得这种幸福。

一般而言,即使小学里最自觉的学生也不会对学习怀有持久的热情。他们仍然需要来自父母不间断的鼓励和支持,只有这样,他们才有动力为自己的未来而拼搏奋斗,同时与学校保持友好的伙伴关系。然而,父母的鼓励和支持毕竟是外部的动力,因此难免也会有局限。

如果一个学校不够资格的话,那么事情会变得很糟。在美国的许多乡村和城镇中,公立学校并不能提供足够的教育资源。这对于国家而言,是一个耻辱,并不仅仅因为学生由此会在学习上表现出不足,更是因为他们将最终失去他们做人的信仰。从某些方面看来,去上一个很差的学校甚至还不如根本不去上学。那些糟糕的学校天天都在提醒学生一些事情,而这些事情是他们一辈子都不能得到的东西,这会使孩子逐渐丧失希望和信任。

149　　对课堂纪律的维护表现出了美国人对于自由言论、公平以及正义的价值观。这并不意味着所有人都在同时叫喊着自己的观点,相反,这意味着所有人都恭敬且开放地听取别人的意见。一个真正好的老师不应该仅仅只让学生去讨论那些没有争议的话题,他还应当鼓励他们讨论那些最为重要的观点——那些总会引起激烈讨论的观点。

一个好的老师应当开拓学生的思维,他应当让学生知道,不同时间和不同地方的人既有可能与我们的观点一致,也有可能与我们完全不同。因此,对于那些表面看上去奇怪或荒谬的观点,我们应当探寻它们更为深层的意义。这样做可以使孩子逐渐改变智性尚不成熟的天然反应——嘲笑那些奇怪的习俗和观点,并最终以一种深刻的并充满好奇心的态度来取代,这样,孩子就会充满敬意地去理解那些表面上看来新奇或令人迷惑的观点了。

聪明的老师能把世界真正的影像勾勒出来,而不是教条式地用孩子思想中特有的那种黑白分明的线条来描绘世界。这样做可以使学生们明白每个人都不尽完美,也可以让他们明白我们的前辈为什么会有一些现在看起来不够好的观点。这样做并不会让年轻人变得愤世嫉俗,而是让他们冷静地知道一点:在生命历程中遇到的种种问题答案并非总是昭然若揭,虽然当我们往后回顾这些问题时这些答案会水落石出。这使我们能谦卑地对待人类社会中不同的斗争,也使我们对于那些一般化的结论产生怀疑。聪明的老师会鼓励学生无论是对于学校中的传闻,还是晚间新闻报道,甚至是国家的声明都要缜密思考,避免自身波动情绪的影响。

好老师会让学生们明白,智慧并不是唾手可得的。他要告诉学生,迅速的判断往往最终被证实是错误的,老师应当阻止学生由于孩子气的天性驱动而过快得到一个简单的答案。老师要让学生们理解过程的意义,包括独立批判思考以及群体辩论过程等,而民主意识也正是以此为基础的。为了培养孩子对民主的责任心,我们不仅要培养他们的阅读习惯,而且还要教给他们如何对阅读到的东西作出冷静的判断,必须考虑到它们对于个人和群体更为广阔的含义,而不仅仅只是肤浅地看待问题。

150

我们可以利用孩子和老师的关系以及孩子之间的关系来做一些关于公民意识(citizenship)的实验。有能力的老师能控制课堂纪律,这样任何一个学生都有机会来表达他的观点。老师要合理地组织辩论,让学生们积极并且带有创造性的精神来反驳其他人,甚至是老师的观点。并且,老师还得让学生们知道,宽容别人的观点并不意味着一定要接受这个观点。也就是说,一个人可以攻击某个观点而不去攻击持有这个观点的个体。老师通过让学生们认真听取每个人的发言来强化他们的思考能力。这样,欺负、奚落等经常存在于孩子之间的举动就远离了课堂——因为老师的权威使得课堂成为一个安全的地方。同时,当老师要求大家讨论达成一致意见时,民主机制就开始起作用了。

通过这些活动,老师教给学生们美国的价值观,包括事实(如人权法案)以及个人思考与知识自由等原则。这样,孩子智力的成长、课堂活跃的气氛以及我们国家的历史和观念这几个方面就相互联系起来,从而塑造孩子的性格。孩子们也学会了认真地去作出每一个决定,并通过正反意见来考虑自己的某些冲动。这对于孩子而言在各方面都是十分深刻的——包括孩子作为一个受过教育的公民身份,或是一个未来的丈夫、妻子或是父母。

另外,老师也可能会让某些学生体验到一些特殊的经历。这些孩子把他们对于父母的某些特殊的感受转移到老师身上,他们把老师理想化并崇拜他。这样,孩子的感情以及学校的功课以一种新的方式联系到了一起。

老师成了他们的缪斯和灵感。许多成年人都还记得内心深处当时对老师的这种感觉。这样的老师可以在重要的时刻中满足孩子们的需要,让孩子们不再感到孤独和怀疑自我。而且,一个人的一生都因此受到影响,他们会由于老师的缘故而对某个领域或某种生活方式产生持久的兴趣。有时,这种对老师的爱意仅仅只存在于孩子的心中,而老师却对此一无所知。

临 床 思 考

【临床案例】

布拉德(Brad),7 岁。由于上课无法遵守纪律而被带去进行检查,以确定他是否有什么精神疾病。学校向其父母建议让布拉德进入一个特殊的班级,然而布拉德一家却无法接受学校的建议。布拉德是一个养子,他在 24 个月大的时候由一个饱受战争蹂躏的欧洲国家来到美国。而收养布拉德的夫妻的祖先,就是从那个国家移民到美国的。虽然这对夫妇收养孩子时并没有过多考虑自己的民族,但收养一个与其有着地理联系的孩子对于这对夫妇而言,是再合适不过的了。

这对夫妇,也就是科布伦次(Koblenz)先生及其夫人,他们在很年轻的时候就结婚了。婚后不久,就生下一个可爱的女儿。现在,这个女儿已经结婚了。在生下第一个女儿之后,科布伦次夫妇就无法生育了。但是,由于他们都是成长在大家庭中,因此,他们十分渴望有许多子女。于是,在科布伦次夫人 35 岁那年,他们收养了布拉德。科布伦次先生经营一家五金商店,而其夫人则是一个出纳员,但她在家里办公。

布拉德在 24 个月大的时候就检查过身体了,结果显示一切正常。然而,科布伦次夫妇怀疑儿时的他曾在故乡受过虐待。因为布拉德从来没有像其他小孩一样,充满好奇、精力充沛、活泼好动。相反,他却十分孤僻且依赖他人,性格古怪而又紧张兮兮。

布拉德在许多方面尚无法摆脱一种不成熟。他至今仍经常裹着一个破烂的毯子走来走去。直到 5 岁时他才学会独立如厕。他还经常躲在家具底下,嘴里不停嗡嗡作响好几个小时。他说话很慢,而且掌握的词汇较少。

　　布拉德还有好多怪僻。他喜欢舔窗户或者镜子,而且还莫明其妙 152
地对任何燃烧的东西感到害怕,如蜡烛、火柴、炉子。大多数晚上,他妈
妈都会在他旁边陪伴着他,一直等到他睡着再蹑手蹑脚地出去。否则,
布拉德就会感到恐慌,会认为他是在其他什么地方,还会焦虑地大叫妈
妈。他还会害怕某种食物,并会每天都吃同样的食物。布拉德的妈妈
咨询了儿科医师,在知道医师并不反对这样做之后,她天天都为布拉德
准备他所希望的食物。

　　在许多时候,布拉德的妈妈都无法离开他。在社区的操场,在杂货
店,甚至是在邻居或朋友的家里,布拉德都要跟妈妈在一起。而妈妈则
努力适应他这种同自己亲近的要求。在情况必须时,布拉德还是可以
离开妈妈的。

　　布拉德与其他孩子交往得并不好,他经常受到其他孩子的欺负,并
总是默默忍受。有一次,由于心情过差,他用玻璃瓶砸向了另外一个男
孩的头。

　　布拉德上的是一个很小的幼儿园,这个幼儿园专门为他进行了一
些调整。幼儿园的阿姨在课堂上用大量时间抱着布拉德。在小学低年
级阶段,布拉德同样受到一个好老师的精心照顾。这个老师建议布拉
德留级,但是他的父母却认为布拉德已经比同班同学大几岁了,他们希
望布拉德能够与他的伙伴一样,继续到下一个年级学习。

　　然而,升级之后,布拉德内在的问题一一浮现。他经常绕着教室走
来走去,无法完成老师布置的小组作业,而且用铅笔在课桌上、课本上
甚至是自己皮肤上涂抹波浪纹。老师不得不与他的母亲谈话,并告诉
她布拉德心理上可能有问题。这句话像匕首一样深深地刺痛了布拉德
的母亲。这是真的吗?

　　学校为此对布拉德进行了一次测验,测试结果显示他的 IQ 值为
86。其中,布拉德在非语言领域的表现要比其他领域突出一些,而在有
机视觉运动(organic visual-motor)方面则有一些缺陷。同时,布拉德
在集中注意以及人际关系上也有许多问题。于是,学校建议他换到一
个特殊班级。

　　布拉德父母却对这次测试产生怀疑,他们又让布拉德接受一个独

立医师的测试。这位医师的意见是：出于对布拉德矛盾情绪的影响，
他的母亲对布拉德过分溺爱，使得他无法变得独立。她管布拉德管得
太多了。虽然医师并没有直接表达他的这个观点，但是他却暗示了正
是科布伦次夫人的做法使得布拉德无法独立，无法离开她。

科布伦次夫人对这个医师并不满意。与他每次谈话后，科布伦次
夫人都会感到更加焦虑和困惑。在她与这个医师会面了十多次后，科
布伦次先生建议她去换一个医师，可以让现在这个医师推荐一个。而
当这个医师接到科布伦次夫人这个请求后，他更加确定了自己的结论。
他认为科布伦次夫人会不停地更换医师，直到某个医师给了她能够接
受的答案。

于是，科布伦次夫人找到了第二个医师。这个医师观察到布拉德
是一个看起来很笨拙的男孩，在等候室中，他一直靠在母亲的肩膀上。
布拉德很机械地走进医师的办公室，并且顺从地坐在椅子上。他说话
很轻，还有些语言障碍。当医师问到他的听力有什么问题时，布拉德承
认他有一种听力上的幻觉，这些声音仿佛是从一个黑影发出来的。它
们来自于"消失的世界"(The Disappear World)。他知道这些声音并不
是真实的，其他人也不能听到它们。这种声音不是令人愉快的，但也不
至于让人害怕。它们是布拉德的一部分。布拉德在其他方面的测试中
没有产生幻觉，逻辑思维也很正常。

这位医师鉴定布拉德为扩散性自我缺失(diffuse ego deficits)，也
许这与早期环境影响有关，或者他在26个月大之前遭受过身体上的虐
待。布拉德对于他自己、别人以及这个世界的印象并不一致，他仍受那
段混乱时期的困扰，那是一个消失了的世界。因此，布拉德无法独立自
主，他极度依赖他的母亲及其他人。由于布拉德内心中一无所有，他需
要从周遭环境中得到许多东西。当公立学校给布拉德布置许多他无法
完成的要求时，不可避免的危机就出现了。

科布伦次夫妇一直相信他们的爱心可以帮助布拉德超越任何困
难，可以弥补他幼年的损失。他们的全力付出终究会抵消掉那些损失。
而布拉德也一定会迎头赶上他的伙伴。

医师发现，他需要帮助这对父母真正了解他们孩子的缺陷所在，并

开始对这种缺陷担忧。他告知了他们一些幼时损伤以及受虐的典型后遗症。经过一段时间,他帮助科布伦次夫妇认识到仅仅是他们这种帮助孩子的决心,是不足以改善情况的。

最终,这对父母因为被理解而感到如释重负。他们觉得自己得到专业人士的帮助。于是,他们终于肯与学校协商关于将布拉德安排到特殊班级的事情。最终,协议达成了,即布拉德半天在特殊的班级里接受教育,半天进入正常的班级。布拉德一家仍在坚持让他接受治疗,虽然进展很慢,但是正稳步前进。

当布拉德父母认识到他们的儿子与其他孩子不同,并无法像一个正常孩子一样上学时,他们就与学校达成了妥协。作为父母而言,他们十分难过,因为他们不得不放弃一种幻想,一种希望布拉德与普通孩子一样的幻想。同时,他们还得接受现实,那就是布拉德需要很多,不仅仅是从他们那里需要很多(这些布拉德父母都能满足他),而且还需要来自其他人其他机构的许多帮助,这一点就并不容易了。布拉德父母急切地盼望他们的孩子能变得更正常一些,但这种焦急的心态导致了他们对一个事实的忽略,那就是一个正常的班级是无法满足布拉德的特殊需求的。

第二个医师把布拉德父母的这种"对现实的否认"看成是他们对布拉德的爱,这是对布拉德能变得健康、优秀的一种深深的期盼,也是对现实(就是这种期盼最终无法达到)的一种拒绝。这种否认当然是于事无补的,而且它还成为布拉德父母与学校合作的一种障碍。这个医师还发现,布拉德父母对儿子毛病的迁就并不带有继发性获益(sencondary gain 就是指利用症状操纵或影响他人,从而得到实际利益。它与原发的或由疾病本身的获益相对应,后者指在症状的形成过程中使焦虑和冲突下降),也不带有通过孩子的缺点来解决自己内心斗争的需求,或是让孩子重复一些他们过去和现在的问题特征,或是让他实现其他的一些病态征兆。

作为一个临床医学家,他做得与众不同。因为,从表面上看,父母本身也正是这个问题的一部分,许多人也出于这个原因而忽略了问题的实质。布拉德正在错过一些事情,这些事情是看不见的(如自我的作用)。这些错过的事情使得布拉德无法与同龄的孩子保持一致。因此,他的父母十分努

155

力,试图弥补这些,并且仍然让布拉德处在一个不合他本身能力的水平上。布拉德和他的父母以一种奇怪的方式彼此联系,他们都感觉对方碍手碍脚,并且最终对这种过于亲近的关系感到失望和气愤。

布拉德父母意识到出了些问题,但是又不能清楚地表达出来。这种情况下,每个人都感到非常痛苦。这经常被拿来当作家长共生需求的明证,但并不是每件事情都是如此。家长们最希望的就是能摆脱孩子无尽的要求,而他们却不知道如何能达成这个目的。当然,现实情况并不都是理想的,治疗的目标仅仅是找出孩子缺少的自我功能是什么,并通过其他途径来填补这个空缺,如通过精神疗法、教育计划或是药物治疗。

在这种情况中,如果没有事实根据随意断言孩子的缺陷是由父母造成的,将会导致错误。20世纪的儿童医疗史提供了许多这样的错误例子,在这些事例中医师都认为由于父母拒绝孩子、矛盾情绪、过分管教、溺爱等等造成了孩子诸多症状,而事实上,这些症状是由于生理、脑部结构、遗传等原因造成的。

虽然,确实存在部分拒绝孩子、情绪矛盾、过分管教、溺爱孩子的父母,而且他们也确实给孩子造成了不好的影响。但是,我们不能仅仅从孩子的症状擅断这是由父母的性格所造成的,我们还需要更多的证据。对父母的全面检查通常会觅得对于此类性格强有力的证据,而它们经常会在生活中的各个方面都会有所体现。对于临床医师而言,这部分父母的性格通过他们的日常行为会表现得淋漓尽致。

然而,对于非正常孩子的好意的父母而言,他们自身面对责备也会显得非常脆弱,孩子所忍受的痛苦令他们万分自责。这些父母的愧疚反而会被156　人当成他们对孩子消极影响的证据。同样,家长拒绝承认孩子问题的严重性也会被误认为是他们在助长孩子的错误。然而,家长们之所以拒绝接受孩子缺陷的原因在于,他们不愿意让自己的希望幻灭——希望自己的孩子能与普通孩子一样,他们也不愿意去经历这种接受现实的痛苦。这种不愿意放弃希望的苦苦挣扎并不是病态的表现,虽然表面上看起来确实如此。

父母们会为孩子的缺陷而难过,生活中所遇到的这个不可避免的不平等将他们的希望打破,父母由此而失望,但是,第二天,他们又会像前一天一样期盼着他们的孩子能恢复正常。对于父母而言,他们很难接受他们的孩子有着这样或那样的病症,而这些病症又有种种预示,这些预示决定了他们可以期盼一些事情而不能奢望另一些事情。如果没有专家的帮助,家长们不会知道他们的孩子是否在忍受一种不为人知的折磨,故而其结果也十分不确定。而家长会对此感到欣慰,因为这虽然是不确定的,但却也是客观的。而且,专业鉴定中的不确定与家长个人所感到的不确定是完全不同的。因为专业中的不确定虽然是一种事实,且让人难过,但是人们仍会及时接受它。

九 挣扎中的学生

动 机

大多数幼儿园或是小学低年级的学生都能够专心致志地听老师讲课，虽然仅仅只能坚持很短的一段时间。孩子们会在课堂上着迷并且备感惊奇。而随着他们慢慢成长，这种带有浓厚兴趣听老师讲课的学生会慢慢减少。在初中，美国的许多学生并不能积极参与到课堂之中。他们非常消极，在课堂上并不能提起注意力，就像隐身了一样。这些学生的行为勉强可以被接受，他们的成绩也勉勉强强可以通过。但他们学到的东西却远远不够。这种学生与集体之间的关系并不成问题，问题在于他们自己的性格以及他们的未来。

由于一个人的自律和自尊在童年和青少年时是十分脆弱的，因此，有这样的问题学生并不少见。任何一件引起他沮丧和注意的事情都有可能伤害到一个青少年在学校的目标和自信，如疾病、家庭不和、父母离异、搬到一个全新的环境、最亲近的人去世。另外，还有一些生理现象在其中起着微妙的作用，并且，通常是很多因素混合起来作用于青少年的。即使是对于那些有着生理缺陷而学习有障碍的孩子(我们也可以说尤其是对于这些孩子而言)，性格培养对他们未来的成功仍然有着极其重要的作用。因为，在学校的成功完全取决于个人的努力、态度、动力以及自觉心，而且成功也会反过来成为学生学习的动力，正像失败会使他们丧失动力一样。

我们很容易使小学生失去动力，因为他们并不能很好地保持它，并且他们对于如何保持住它也一无所知。许多孩子很难为他们在学校所遇到的困难找到一个准确的原因。一个共同的现象就是，孩子在某种程度上失去了对于未来的希望。他们丢掉了学习的热情以及曾经有的那份认真。他们在学校的任务，他们对自己的责任，都随之消逝。如果学校的任务压得太重，超出了孩子的能力，那么孩子会因此而信心受挫。而对于那些组织能力差、阅读理解不好的孩子而言，更是如此——当他们面对着如海一般茫茫的作业时，有着许许多多无法理解的问题。于是，他们不可避免地落下一些东西，做了第二部分的内容而忽略了第四部分的，做了第四部分的又忘了第三部分的内容。这些孩子花了大量的时间和精力，但是这些都是无用之功，因为他们根本没有抓住问题的重点。他们并不是愚不可及，他们只是现在还没有办法让自己独立有效地学习，这是由于他不均衡的发展造成的。

在一个环境良好的学校中，敏感的老师会对孩子所遇到的困难有所察觉，并且给予他们必要的关心。但是这些迷茫的孩子——他们并不是问题学生——很容易在混乱中迷失自我。这样的学生坐在教室中，只听懂了老师讲的部分内容而不是全部。如果这种情况持续下去，那么它将会愈演愈烈，并最终会毁掉孩子的自尊心和自觉心。很少有孩子能够忍受这种长期的焦虑，这种努力学习但成效很小的焦虑。最终，孩子不得不努力去摆脱这种劳而无获所带来的痛苦——他们开始任由情况越来越糟。这些孩子在困惑时，并不是认真地听讲或是拼命地举手请求老师的帮助，而是变得非常地消极。当老师不厌其烦地一遍又一遍地重复着课堂内容时，这些学生有的在做白日梦，有的在书皮上画画，有的在跟后面的同学眨眼睛。一旦他们放弃了上课认真听讲，他们同时就丢掉了教育所给予他们的一大笔潜在的财富。此时，学习就变成了他们不得不面对的一件事情，而不是主动追求的一件事情。没有动力就没有可能集中注意力，尤其是对于需要专注、细心、严肃的学习内容。

在学校的成功是一个孩子自制和自律成长的标尺。孩子们内心拥有着勇气以及良好的判断力，而这些都是在与父母友好的关系中得以发展的，同时，经过教育，这种优点会不断地完善。

而当孩子在学校表现并不是十分出色的话，这种失败的情绪会扩散开来，并影响到他们在其他方面的成长。糟糕的学习成绩会破坏孩子与父母的关系，并会让他们怀疑自己在别人眼中是否还是可爱的、有价值的。有些家长可能会安慰孩子，但是，即使家长并没有对孩子失去信心，孩子仍会感到自己没有达到父母的要求。这种感觉使孩子十分孤独,并且与家长隔离开来。当这种情况与青春期的一些特征结合起来的时候,它将会造成孩子对独立的错误理解:孩子会努力去获得一些成熟的表面象征,如他们眼中的成年人的权力和特权,但却忽略了真正的成熟象征——通过努力而得来的成就。

这些差等生与同伴的关系并不是很好。一旦一个孩子不能很好地在课堂上认真听讲,那么坐在教室里就是一种折磨。老师和那些认真学习的学生没有耐心理会这些上课开小差的同学,他们把他看作是一个负担,并且对他的打扰感到不耐烦。于是,这种问题学生也只能找那些与他有相同毛病的孩子,因为只有他们才会理他。这样一群有问题的孩子,他们互相给予支持,并结成了同志情谊,但同时,这群孩子却有一种天然的倾向,那就是打击自己的伙伴,让他们失去学习的信心。原因很简单,如果他们中的一员开始走出低沉,并重新恢复信心好好学习,那么他的同伴会为此而嫉妒。

同伴压力(peer pressure)的重点是:一群孩子彼此之间都施予对方一种相互的消极作用力,虽然这种消极作用力不是他们中间任何人单独创造160 的。同伴压力促使人们自己走向毁灭之路来证明自己是某个群体中合格的一员或是证明自己并不是无助的和不足的。在同伴压力面前的脆弱,通常正是无助和不足的标志。需要注意的是,我们并不能称孩子之间互相激励对方的勇气、才赋、志向或是自豪为同伴压力。

这些差等生很容易接受反社会群体的负面影响。因为他们感到自己已经丢掉了美好的未来,因此这种未来只能激励那些更幸运一些的孩子。他们生活在噩梦之中,在这个漫漫的噩梦当中,看不到明天。那个天真且对未来充满希望的好小孩已经在他们的内心深处死去了,这使他们感到十分地愤怒、羞愧以及难过。作为一个被遗弃的差等生,他们没有将来,他们也宁可不去期盼将来。

这种自甘堕落的青少年十分常见。然而,他们在内心深处依然急切地希望自己能在学校和生活中取得成功。虽然他们学习成绩并不理想,但这并不意味着他们十分愚蠢。通常,一个孩子跟不上学习是由于好几年前他已经丧失了学习的信心。于是,在学校里的学习成了一个逃避的游戏,而不是在那里变得更聪明和更能干。这些学生就逐渐被那些能好好学习,考试不会拿到 D 或 F 的同学远远地抛到了后面。

问题少年总是拿到很糟糕的成绩。家长和老师可能会说："他可以做得很好,只不过是他不去努力。"他们说"可以做"时,使用了相当绝对的口气,仿佛孩子天生下来就有这种能力。成年人所不了解的而这些学生很清楚的事情是:对于这些学生而言,学习的内容实在太难了,他们无法提高自己的学习技巧,无法巩固去年拿的 C 以及前年拿的 D 的课程中的基础知识。于是,他们就逐渐丢掉了曾经学习好时慢慢积累下的自信心。这些孩子真的无法把学习成绩提高,也无法做好任何事情。

这些差等生有时候也会努力学习,靠自己的力量来做好老师布置的任务,以此来改变自己在别人心目中的形象。然而,他们很快就会意识到,自己很难取得成功(指那种轻松迅速的成功),这种现实会深深地挫败他们。失败对于他们而言是由于显而易见的能力不足,而大人会认为这是由于自己没有能在关键的时刻给孩子提供必要的帮助。这种失败感很容易转变成一种漠不关心和叛逆的态度。于是,这些孩子会说:"有谁还会努力?"这样的孩子很容易受到挫折,因为他们并没有循序渐进地征服一个挑战,而且,他们对于征服挑战没有一点信心。这是一个恶性循环。对于那些渴望独立的青少年而言,这个过程尤其痛苦。由于不成熟的判断力,这些孩子还表现出一种黑白分明的极端做法——既然做不了好学生,那就当坏学生吧。可见,自律的缺乏与自尊心的受挫是一个硬币的两个方面。

我们很容易把这样的学生视为懒学生,并会认为他们几乎没有把什么时间用在学习上。或许一些差等生还真会在学习上认认真真地花上一些时间,但是,对于大多数不把学校当回事的中学生而言,上课学习是一个无比枯燥的过程。在这么一个漫长而又无聊的课堂时间中,这些孩子需要一种刺激来调剂自己,于是他们就冒着危险通过性、盗窃、嗑药来达到这个目的。面对这种情况时,大人们会认为是性爱关系、盗窃的巨大诱惑力使得孩子们不想学习。因此,为了制止孩子们越轨,我们一再强调孩子们都已经知道的事实——偷东西是错误的,性越轨是一件不道德的事情,抽烟也会引起癌症。而大人们的这种行为不但不会使情况好转,还会使事情变得更糟。

我们很难体会到逃学旷课的学生有多么地痛苦。我们与他们的接触时间是如此之少以致我们无法了解这一点。这些孩子通常对自己是十分严格的,并且会对自己逃课和打架等等越轨的行为感到良心上的自责。他们瞧不起自己和那些同伴们。事实上,真正驱使孩子做坏事的并不是那种无法抗拒的诱惑,而是一种无助和失望的情绪。

162　　这样的学生也许会在其他的一些领域中取得相当的成就,如舞蹈、体育、艺术。不幸的是,这种成就感并不能扩展开来,因为这些能力通常是很久以前就获得了,并且是基于天生的能力和真正的兴趣之上。而他们对于那种需要循序渐进的学习领域,那种自己起初并没有天赋也没有兴趣的领域却是十分地陌生。他们不可能在这些领域中取得任何成就。

　　让这些孩子恢复到从前的状态是一个多方面的长期的工作,包括药物或酒精治疗、性教育、法律制裁、家庭治疗以及对于孩子精神紊乱的认定以及治疗。这些学生在学校的失败,有时会在事后才引起注意。而从一个青少年的精神、性格、希望和梦想的立场来看,他在学校的失败是一件十分重大的事情。这是一个十分重要的标志,它表现出他没有能力为自己的美好未来作好准备,这种残酷的现实最终导致了孩子的自甘堕落。

　　这并不是说学习不好本身是一系列复杂问题的唯一原因,这些问题包括吸毒、意外怀孕、犯罪或者是精神病。事实上,学习不好是这些问题的一个微妙而又有效的预警器,它会事先提醒家长和老师,让这些问题在变得严重之前得到完善地解决。因此,在课堂上无法专心听讲便是孩子们最初的呼救声,这是他信心、乐观、自觉心受挫的第一个信号。

鼓励孩子拿高分

　　家长可能很早就能发现孩子在学校里遇到了困难。如果家长对自己孩子要求很高并且把 B 以下的成绩都视为不能接受的话,那么他们可能已经采取行动来对付这些困难。那些真正有责任心、刻苦努力、为自己未来而打拼的孩子会取得很好的成绩,即使是他们的资质很平庸。他们能得高分是由于他们的不断的努力、坚定的志向以及持之以恒。老师通常是很

163　喜欢这些学生的,即使是他们并不是很聪明,甚至有些笨。这些孩子用他们踏踏实实的学习,用他们的坚忍不拔的性格弥补了他们先天的不足。

　　虽然自觉的孩子自己就会下定决心好好学习,但是,父母仍需要支持、

鼓励他们,促使他们下定这个决心。一些孩子即使没有父母的帮助也会达到这一点,然而,这样的孩子毕竟是少数。大多数的孩子如果没有父母的帮助,就只能拿到 B 或 C 的成绩,而有些父母却对此非常满意,因为他们知道毕竟自己的孩子不是天才。但问题是,一个孩子拿到 B 或 C 意味着他并没有很好地掌握他所学到的知识,即使这样的成绩并不是不及格。B 或 C 的成绩表明他实际上答错很多题,表明他还有许多没有学会。这样的学生只是跟着学校的教育亦步亦趋,而并没有发现自己已经落后了。随着慢慢长大,他现实的成就和他事实上有可能达到的成就之间的差距就会慢慢拉大。

如果这个孩子的父母希望他能够取得高分,并积极地帮助孩子达到这个目的,那么这将对孩子大有好处。这样做会使家长和孩子之间的关系加强,并会提高孩子的学习成绩、学习技巧以及自尊心。孩子会由此而感到更为安全、更加有信心、更加成功。这使得孩子会对自己有不同的认识,并会为他下一年的成功打好基础。而孩子的性格就由此而塑造。这与家长帮助孩子做作业不同,也与把孩子交给一个家庭教师完全不同。这就像在从前一样,家长亲自教孩子做手工艺品——如做棉被、鞋或者木马。

所以,父母应当亲自帮助孩子,和孩子一起检查作业,或是测试孩子的单词拼写,并把孩子记不住的单词做成卡片帮助他们记忆。要和孩子一起阅读,帮助他们理解这个故事讲了什么,它的中心思想。也要帮助孩子写作业,帮助他们发表自己独到的见解,或是在他们出错的地方用红笔勾出。在数学上,家长要对孩子说:"让我看看你是怎么做这道题的。"并与孩子一同来解决难题。在物理、化学上,家长要帮助孩子列一个提纲,把所有可能考到的内容都列进去,并天天复习。

家长并不一定是一个老师,甚至并不一定十分聪明。他们只要比孩子稍稍强一点就可以了:这一点很容易做到,因为他们肯定已经小学毕业了。小学阶段是一个启迪的阶段。经历这个阶段的家长很容易能体会到作为一个小孩,他是多么容易就被家庭作业所困惑,而他的自信心也是多么脆弱。然而,我们并不是要求家长要给孩子制定一个规划,或设计出一套激励体制。他们只需要帮助孩子完成现成的作业就可以了,包括认真谨慎地准备每次考试。家长们应当坐在孩子旁边,帮助他们,直到他们把一天的作业做

164

完为止。如果孩子某天的作业做得十分出色,家长们应当给他们一本休闲杂志,让他们好好地休息一会。但是,如果家长们忙着干家务事的话,他们就无法做到这一点了。孩子们需要家长就在旁边,不断给他们鼓励,帮助他们发现每一个细节——因为每一个细节对于父母而言都是一个问题。

家长这样做的目标是,通过自己亲密、友善的帮助,来支持和激励孩子。孩子们也许并不喜欢老师,也不喜欢地理,但是在家长通过卡片来帮助孩子学习的时候,家长同时也把一些宝贵的东西赠予了孩子,因此,他们可以在考试中取得高分。家长的努力使孩子明白自己可以变得很优秀,也知道自己的父母也深深地相信这一点,并提供自己力所能及的帮助。同时,孩子也明白了只要他们能分步骤有计划地进行,那些貌似遥不可及的胜利也能够达到。他们也懂得了如何规划时间。对于不成熟的孩子而言,他们很难估算出一件事情所需要的时间。他们的时间观念受到自己一厢情愿想法的影响。他们拖拖拉拉的天性以及认为自己能在短时间内把作业全部搞定的天真想法会让孩子们到最后一刻才去动手完成作业。

165　　这种家庭辅导使得孩子在每当怀疑自己是最痛苦和烦恼的人的时候能感受到父母对他的关心和爱。当孩子遇到那些自己无法做出的难题时,自己就仿佛被人指责说"你真是笨死了"！而这会使他们对自己学习产生更多的忧虑。这也是许多孩子不喜欢家庭作业的一个原因。而父母的出现,则会缓解这个现象:家长消除了孩子的忧虑,并给予他们勇气,去面对每一个新的挑战。渐渐地,这种勇气成为孩子自身的素质。在父母的不断鼓励下,孩子心中永远回荡一个声音:"你能成功！"他开始学会如何凭借着自己不懈的努力和坚定的信心去面对那些挫折。家庭辅导使孩子相信其父母肯花时间和精力来帮助他、鼓励他。也使孩子意识到,他的学习成绩对于他的父母是如此的重要,这种重要性要远远强于电视节目、体育比赛、快餐以及父母通常与孩子一起干的其他事情。

家庭辅导毫无疑问是家长对孩子的一笔投资。而对于那些兼职父母或是单亲家庭而言,家长会十分忙碌而没有精力去辅导自己的孩子。与许多问题一样,这样的家长面临的是可能性和优先性的问题。一个被生活重担压得喘不过气来的家长并不想再在辅导子女功课上花费精力和时间。他会认为,学习是学校和孩子的事情。也许,对于许多家长而言,家庭辅导是一个很陌生的事情,因为这些家长一直认为他们的职责主要是纠正孩子的一些错误行为,却忽略了孩子的内在品质、能力以及未来。今天,家庭辅导已经蜕变成了一味的说教和批评。许多人尽量避开家长与孩子的那种教育关系,而在从前,父母会很耐心地教导、启蒙孩子。在很多家庭中,家长的这种教育变得体制化和商业化。而如果我们并不满足于我们所达到的结果,如果孩子的学习技巧开始荒废掉,或是孩子与家长彼此之间都开始变得陌生,那么我们应当采取行动来解决这些问题。父母和孩子可以一起为一个共同的目标而努力,那就是为孩子创造更多的机会。

学校无法做到的事情

166

学校有很多方法可以加强和拓宽家长对孩子的作用,但是,学校毕竟不是家长。当今的社会和家庭问题造成了许多在校青少年的问题,如斗殴、自杀、酗酒、精神病、怀孕、不正当性关系、暴力、营养不良、不受关注,等等。学校也意识到自己是这些孩子可靠的朋友,它需要做些什么来帮助他们。这些孩子就在学校里,他们的问题也几乎都是在那里发生的。但是,学校除了能采取一些应急措施之外,却无法给孩子提供更多关键性的帮助,不能提供一个负责的家长所能承担的责任,因为有法律、情理、经济和道德等限制。由于没有家长所拥有的责任与权力,在教育孩子的问题上,学校处在一个尴尬的境地。

由于学习成绩是一个孩子表现的晴雨表,所以老师们经常注意孩子们的情绪,并急于给他们提供学习上的帮助。因此,学校有时候要比家长更急于纠正学生的问题。这些问题经常是对家庭问题的一种反应,而家长则很难去检查并且改变这种状况。所以一些家长并不愿意对孩子的问题追根溯源。以下是一个很典型的案例。

临 床 思 考

【案 例】

克莉斯朵(Crystal),13 岁。由于她多次无故逃课,学校建议她进行一次检查。虽然克莉斯朵在小学时学习很好,但是她在八年级时却没有及格。

167   克莉斯朵在见医师的时候化了很浓的妆,表现得十分吸引人,并准备向医师描述她那不和谐的家庭生活。她19岁的哥哥是一个酒鬼,由此,他们家经常会出现大声喊叫和争斗的情况。他们家从没有一起吃过一顿饭,每个人都是"自己顾自己"。克莉斯朵的父亲会时常喝酒,他是一个农村地区的房地产开发商,因此,他们家实际上十分富有。然而,克莉斯朵却总怀疑她家在经济上有些问题。

       引起医师注意的是,克莉斯朵最终犹犹豫豫地说道,在6个月前(那时她12岁),她曾为其男友打过一次胎。现在她仍与这个15岁的男友保持着关系。不过自从打胎之后,他们发誓戒掉酒并再也不发生性关系。而通过打胎,克莉斯朵感到她被母亲遗弃了。因为打胎那天,她的母亲虽然陪她到了医院,但却是在汽车里等她。显然,克莉斯朵的母亲是害怕被认识的人发现。于是,克莉斯朵只能一个人经历整个打胎的过程。"大夫,我得告诉你,这得需要多大的勇气啊!"克莉斯朵笑着说。

       这时候,医师告诉克莉斯朵,他很钦佩她的"勇气",同时也表示,他能看到她的生活有多么不容易。医师向克莉斯朵建议,她应当试着保护自己,因为此时似乎不会有人能给她提供保护。克莉斯朵说:"嗯,我这样会慢慢好起来的。"

       医师随后见了克莉斯朵的父母,既一起见,又分开见。她父亲是一个高大、健谈并有很强控制力的一个人,他否认克莉斯朵的问题不仅仅是一个"青少年普遍的态度问题"。克莉斯朵的母亲是一个有魅力的妇女,她很担心她的女儿,同时她也受着丈夫的胁迫。不过,他们俩都否认了克莉斯朵受到了父亲喝酒与哥哥的问题的影响(本来医师是邀请了她哥哥的,但他并没有到场)。于是,医师强调了这两个孩子的问题的重要性。但这对夫妇也只是对医师的话应付了一下,并表示他们并没有将孩子治疗的费用预算在内,因此也不会让她接受一个长期的治疗。

168   医师担心对克莉斯朵的治疗仅仅只停留在初步阶段,于是就努力寻找一个可以让克莉斯朵独立接受治疗并且花费很少的方法,或是找到一个地区援助组织。但他都失败了。在克莉斯朵住的社区，乘坐公共交通工具无法获得任何组织的援助。就连最近的一个 Al-Anon（一个帮助嗜酒者的国际组织）也需要开车很长的时间。

正如医师所担心的那样，克莉斯朵一家在接下来的几周中以各种借口推迟、取消与医师的约会。于是医师就与当地的儿童保护机构取得联系，告诉他们情况（并没有透露克莉斯朵一家的姓名），并询问他是否应当继续调查这个家庭，以防出现忽视及虐待儿童情况的发生。儿童保护机构的工作人员认真地了解了情况之后，告诉医师，根据州里的法律，除非出现自杀、谋杀或是其他的一些紧急情况，否则医师无权干涉家长对子女的监护。这个工作人员建议克莉斯朵一家可以起诉她的男朋友，但事实上，克莉斯朵和她的父母都反对这样做。这个工作人员同时还建议学校应当继续调查克莉斯朵逃课的缘由。

在首次与克莉斯朵家长见面的时候，医师就得到了家长的同意，同意他与学校就克莉斯朵的事情进行沟通。于是，医师与学校取得了联系，他真诚地与推荐克莉斯朵进行检查的教导员进行了一番谈话。教导员告诉医师说，学校并没有相关的制度去帮助像克莉斯朵这样的孩子，但是她个人可以观察克莉斯朵。6 个月后，医师又给教导员打了个电话，得知克莉斯朵的成绩提高到 C 或 D，虽然她仍然旷课，但是已经比以前的次数少多了。

这个案例十分典型，许多家长并没有与学校和医师配合的意识，这使得对孩子的治疗举步维艰。孩子的问题在很大程度上都是由于无法及时得到父母的帮助造成的，而这些没有及时给孩子提供帮助的父母拒绝与学校或医师合作也是顺理成章的事情了。

面对这种拒绝合作的家长，医师通常有两种截然不同的选择。一种是采取针锋相对的手段，就是强调孩子现实问题的严重性，以此来吸引家长的注意力，如对家长说："你难道认为一个 12 岁的女孩怀孕是'一件正常的事情'么？"这种做法有时候会使治疗有很大的突破，但却也有可能使父母认为这个医师没有一点同情心而更加坚定地拒绝合作。另一种则是采取诱导的手段，就是不去考虑家长在孩子问题上的过失，而先与家长建立起来一个良

169

好的关系,比如在这个案例中,医师可以首先照顾到父亲对于克莉斯朵愤怒的情绪。虽然这两种方法是对立的,但是一个出色的医师可以熟练地使用这两种方法,而且往往是在同时使用。这些医师照顾到了家长与孩子两方面的感情。对于家长而言,他们需要一个友善的合作者;对于孩子而言,他们需要一个保护者。医师努力在家长与子女之间保持平衡,他们这样做的最大希望是基于对自己逆移情(countertransference,就是通过与病人情感、经历或问题对照来揭示精神分析专家自己的感情压抑)的意识。如果医师草率地认为是家长错了,或认为是孩子一个人的问题,那么他就很有可能犯错误。

必须承认的是,即使医师尽善尽美地采取各种措施,一些家庭还是会拒绝合作。此时,医师只有两条路来帮助那些孩子。第一种方法是寻找一批能为孩子营造一个充满关爱网络的人,让孩子不那么孤独无助。神职人员、医院、急诊室护士、学校职工、远房亲戚、热线接听员以及各种社团,他们都可以给孩子提供一个良好的环境,无论此时孩子是在危机之中还是即将进入危机。

另外一种途径就是,我们应当认识到那些挣扎中的青少年就像是长在悬崖峭壁上的顽强的小草,他们凭借着仅仅的那么一点养分来不断地成长。对孩子的检查,不管有多么简短,都会使孩子兴奋。童年时对于某种简短接触的记忆可能会成为其一生的财富,这种财富会影响他们对于自己的看法。

正是由于这种原因,在每一次的初次接触中,医师必须努力,他不仅仅要得到精确的数据,还要向孩子显示出自己的个人魅力。医师必须得到医疗所需要的信息,但是他又得同时表示出对病人的尊敬以及希望。这是医师的机会,有时候是他唯一的机会去积极地承认病人的优点。这并不需要用语言来表达出来,有时候医师对病人的一个眼神就能表示出来。而如果医师仅仅是带着一种职业眼光,不考虑人情而只注意那些病情信息,那么这会严重地伤害到病人。这些病人所需要的是(虽然在表面上看不到这种需要)自己能被当作一个活生生的人来看待,并给予必要的尊敬。

在人的一生当中,恐怕是在10岁到20岁最为明显,这时候的青少年渴望新鲜的事物,渴望认识到新的朋友,一个可以深深爱戴并可以建立密切关系的朋友。诗人的缪斯、守护的天使、鼓舞人的老师、理想的哥哥、最好的朋友,对于正在成长的青少年而言,这些人都可以给予他们很多。如果父母原初对于孩子的影响留下了许多空白,只得用一些新的人际关系来充当拯救和治疗的角色以填补这种空白,那么就会对孩子造成令人痛苦的影响。许多人成人后会在自己的婚姻中遭遇到这种情况。

　　医师不时地有机会可以为家长和孩子提供这么一种关系。在这个意义上,所有的医师都是活生生的一个人,他们与他们的病人投入到活生生的人际关系之中。于是,医师和病人参与到了一种交互报酬的情境之中——医师希望他的工作能变得十分有意义,同时,病人的表现不断地使医师感动与激动。当然在治疗中,这种关系并不是在方方面面都是平衡的:病人是来解脱痛苦的,而医师是一个赚取报酬的职业工作者,他要克制那些与病人病情无关的各种冲动而表现出一种持久的自律,这些冲动包括他的罗曼蒂克的冲动、自我忏悔的冲动或是夺取他人小孩的冲动。医师在病人面前是真实的,而医师不仅仅要解释病人的内心投射(introject),还要成为自己的内心投射。医师应该进入病人的内心世界,而且并不应该仅仅在治疗当中,还应当在治疗之后以及在某些情况下,要持续一生。

十　青少年的需求

做一个优秀的育儿者

孩子在幼儿园到初中这一段时间(孩子的心智和身体发展在这段时间内大体相同),是家长向他们灌输爱、价值观以及行为准则的黄金时机。初中时,孩子已经学会了如何待人接物和照顾自己。当然,此时的孩子仍然需要父母在他身旁,但这很大程度上意味着父母的在场让孩子明白了父母是信任自己的,并不意味着父母仅仅只在空间维度上在场。

一般而言,一个健康的十二三岁的孩子并不需要家长一刻不停地监守身旁,事实上,他们已经可以监护更小的孩子了。让这些大孩子去照看婴儿或是刚刚走路的孩子一点问题都没有。这些大孩子已经有足够的责任心成为那些尚不能自理的小孩子的监护者,至少在几个小时之内,他们是能够胜任这个工作的。

让孩子照看婴儿能培养一种成熟的性格,而这种性格是每一个青少年所必须拥有的。同时,这也是一个孩子在步入青春期之前所需的一个基准:他们要在进入青春期过程中经历一个很大的变化,包括身体上的、智力上的以及社会变化上的。这些孩子并不需要对看小孩感兴趣或是拥有什么技巧(照看小孩可能是许多 12 岁左右的小孩想都没有想过的事情),但是一旦要求他们看小孩,那么他们就得积极地动手动脑把事情做好。他们心中得有对一个幼小生命的爱惜,一颗友善的心,富有责任的耐心(通常照看工作要坚持好几个小时),以及抵挡各种诱惑的决心。

当一个孩子拥有成熟的性格后,他就已经为即将到来的青春期作好了准备,他的父母也会为此而骄傲。虽然说不管这个小孩表现得多么冷静和值得信任,他仍是一个不太成熟的小孩,而且在一些情况下依然会犯一些不成熟的错误。但是,这些也许并不够聪明、不够独立、在社交上也欠成熟、刚刚步入青春期的孩子们,却也已经有足够的能力去做一个负责任的保姆了。有时候,他们也许会表现出胆怯和稚气,然而,他们已经拥有了一个出色保姆所需的耐心和责任心。

问 题 少 年

很明显,许多孩子进入青春期时并没有形成稳定的性格,这是导致各种各样的青少年问题的一个很普遍的因素。而如果控制不力,这些问题将会越发严重。这些孩子就像果冻一样,他们无法抵御由内而外的冲动,也无法抵抗来自外部的压力。由于缺乏判断力、自我保护力以及对他人的敬意和可以正确引导他们的东西,青少年经常会出现这样那样的问题。这并不意味着他们是坏孩子,用一个父亲的话说就是:"啊,他并没有寻找麻烦,而是麻烦找到他了。"

许多家长并不放心让他们的孩子去看管一个婴儿,甚至也不放心叫他们看护一个盆栽。我们可以看到,问题的焦点在于,成人世界的方方面面就像瑞典式自助餐一样向孩子们展开。这个问题如此严峻,而许多人却等闲视之。家长们身处两难境地中,他们提心吊胆地等待结果,因此没有精力给孩子全天候的监护。我们通常忽视这个重点,那就是孩子从来没有真正学会如何独立生活。而这项技能本该是他们在童年结束时就应当学会的。这些孩子的身体开始发育成熟,但是他们的性格还是停留在幼儿阶段。

我们无法快速解决这些孩子的问题,这是因为孩子的问题并不是一蹴而就的。"冰冻三尺,非一日之寒"。通常,具有这些问题的少年的内心世界并没有得到稳固而又积极的人际关系的支持。这些孩子不再为自己的未来着想了,他们感到空虚、无助和气愤。他们并不试图控制自己的情绪,因为这样做对于他们而言毫无意义。在他们眼中,追求一种一时的发泄要比追求那些遥远而又抽象的目标实在得多。他们感到自己被成人的世界遗忘了,因此,自己并不需要为它做些什么。人们不断夸奖他们是优秀、受宠、值得保护的好孩子。这个令所有人都宽心的声音,在这些问题少年耳朵里,却

173

无异于一句笑话。他们儿时的记忆里充满了痛苦、仇恨以及失落感。作为一个学龄儿童,他们在不起眼的地方,仅仅是用平庸的学习成绩来回应自己的未来。孩子这种漫长的失落期给父母提供了一个机会。利用这个机会,父母可以通过一个充满爱的丰富关系来完善孩子的性格。8 到 11 岁的孩子已经透露出足够多的信息表示他身陷这种困难之中,但是只要他们不去校长办公室里纵火,大人们就会觉得他们不曾有什么大问题。这样的孩子并不愿意依照父母的话来行事,他们是被逼才如此的。如果可能的话,他宁愿做一个摩托车暴徒,只不过是他不可能——他没有摩托车,也不知道如何加油和驾驶。他没有现金,没有力量,也没有决心。但是,他在等待时机。

最终,他们将会有能力去做他们想做的事情。青春期,一个拥有广阔机会的时期,这一时期拥有资源的问题少年会受到同伙的怂恿而去做一些自我毁灭、反社会或是早已埋藏在心底的一些傻事。"问题"并没有被发现,直到他被警察逮住。

青春期的过程就像是从一座大楼的外部移除脚手架,没有脚手架的支持,这座大楼要靠自己才能矗立起来,否则的话,就会倒塌。幸运的是,问题少年总是有可能找到一些全新的积极关系来满足自己的需求,如与亲戚、朋友、老师、神父或医师的关系。这些失落的孩子不时得到有助于自己的信息,得知他们可以通过读书和看电视来解决生活中的问题。并不是每一个青少年都命中注定要空虚度日,但是这些青少年很容易随着成长而逐渐丧失信心最终自甘堕落。因此,在这段关键时期,青少年应当拥有抵御外在危险的一种内在保护力。

在美国的许多社区,都有违禁药品出现。而且 15 岁的少年(甚至是 9 岁的儿童)都可以买到它们,这是骇人听闻的。然而我们却不能得出结论说这完全是由于 15 岁孩子无法抗拒药物的诱惑。事实上,问题主要出在我们社区,而不是这些服用药品的孩子。在关于问题少年的共同讨论中,我们总有倾向把责任归咎于周围的环境,却总是忽略青少年在这种不良环境中健康成长的能力。在那些毒品贩子称王称霸的社区中,许多青少年都被卷入犯罪的漩涡,但即使这样,许多家长还是成功地帮助孩子抵御住了不良的影响。

离开父母，独立自主

青少年就像刚学走路的小孩子一样，正在学习在一些紧要关头必须离开父母而独自处理一些事情。当然，在他们的心中仍然有父母，仍然希望在需要时能得到他们的支持和帮助。正因为这样，家长要多留心孩子希望与自己有何种内在的关系，这一点十分重要。这种关系究竟是像一顿充满营养的丰盛午餐，还是已经酸掉馊掉叫人难以下咽的剩饭？这种内在的关系基于青少年对于父母的全部经验和认识，而青少年也将会利用这种关系来度过他们的青春期。

对于青少年和学步的幼儿而言，他们探索世界的动力来源于一种冲动与忽视。这两个阶段的孩子都会对在旁边指指点点的家长感到厌烦，因为他们似乎一瞬间就明白了一切。但是，这种对家长的忽视是必要的，它可以推动孩子超越由对家长的巨大依赖而带来的各种障碍。此时，这些孩子需要的是一股巨大的驱动力，就像是起飞时的火箭需要挣脱地球的引力一般，他们也需要脱离对父母的依赖而变得独立自主。

这种动力，这种忽视，正是生活所需要的。它并不是反叛。有些父母将努力挣脱自己的孩子视为反叛，这些父母实际上并没有看到问题的重点。他们将孩子挣脱父母的这种个人努力与那种自然力所造成的一种可怕而又美丽的爆炸混为一谈。

当然，确实存在一些有着逆反心理和反叛精神的青少年和学步儿童。逆反心理绝不是一种健康的心理，因为这种心理来源于对人际关系的失望，而不是来源于外界的真实世界以及征服这个世界的勇气和决心。青少年的反叛心理是一个标志，它标志着青少年掌握知识的天然兴趣以及逐渐成熟的成长已经被什么东西偏移了。

因此，青少年不可避免地要遇到一些危险。对于他们而言，接受所有这些危险是很有必要的，因为他们要自己掌握自己的生活，要脱离父母而独立，并且要自己在这个世界闯出一条路来。这就使得青少年们不断做出一些父母并不赞成的事情来，因为他们的生活是要自己来创造而不是去做别人的附属。此时，孩子的父母必须克制自己的情感，包括骄傲、着急、气愤或许还有嫉妒和一种被抛弃的感觉。

努力独立的孩子与反叛精神的孩子是截然不同的,反叛精神的孩子在进入青春期的时候并没有稳定的性格来帮助他们避开危险,他们的所作所为不仅是家长而且是任何一个有理性的人都不会赞同的。这正是正常孩子和自我毁灭的孩子之间的不同之处。正常的孩子质问权威是因为他把自己视为权威,他已经作好准备成为成年人中的一员,并对大大小小的事情都发表自己不同的看法。这样的孩子已经准备好了成为一个正式的公民。对于不成熟的青少年来说,他们永远无法加入成年人的世界,永远无法成为他们中间的一员,因为他们反对权威。这种孩子并不在乎他们反对的到底是什么事情,他们只是一味逆反家长。

许多家长,尤其是那些努力试图控制自己孩子的家长,被处在青春期难以控制的孩子的需要给闹糊涂了。这些家长分不清他们到底是由于孩子拥有了自主决定的能力而发愁,还是由于这些孩子老是做出与自己愿违的决定而发愁。

一个聪明的家长可以控制这种局面,并能与孩子保持密切的关系:他尽量避免直接控制孩子,这样就可以使他们之间的争斗减至最小。家长对于孩子的权威应当能使孩子获得智慧以及保护,而不是使孩子的行为受到限制。在他们的引导之下,孩子将会崇拜自己的父母并以他们为榜样来塑造自己。

这种方法在孩子的青春期很有效果。在青春期,家长显然无法像从前那样完全控制孩子。这些青少年不再栖息在父母所营造的环境之中,他们开始步入外部世界,面对所有的困难与危险。而其父母,依靠着与子女良好的关系,依然对他们产生相当的影响力。但是,这种影响并不是控制,这些孩子已经可以依赖自己的能力作出他们自己的选择。

【案 例】

乔希(Josh),14岁,是当地曲棍球联队中的一员。当地曲棍球法规要求在所有的练习和比赛中,队员都要戴上头盔以及护板。而乔希和他的伙伴们却经常聚在一起进行一些非正式的比赛,在这些比赛中,没有一个人戴头盔和护板。因为没有这些防具,运动员运动起来会更为灵活方便,而穿戴上防具的运动员在这种比赛中会相对处于劣势。因此,乔希的父母对乔希参加这种比赛非常担心。他们希望乔希能带上防具。在这种情况下,父母应当怎样做呢?

乔希的父母应当整理一下自己的思路,确定他们真正的目标是什么。乔希是一个非常谨慎、认真的男孩,他的父母也为自己的孩子能参与这项勇敢的运动而暗暗自豪。乔希的父母希望他们的孩子可以对他所面临的潜在危险有一个现实的认识,并且他们意识到,要永远保护乔希远离伤害不太现实。而乔希则表示,虽然这种比赛并不是理想状态,但是他还是宁可冒这个风险。

乔希的父母虽然可以禁止儿子参加这种比赛,但是最终,父母还是在流露出担心的同时,默默祈祷,应允孩子去参加这种不太安全的运动。乔希为此感到很高兴,因为他并不想欺骗父母,不想因为出去打曲棍球而隐瞒他们,骗他们说自己是带了头盔的。当然,如果乔希由此受伤了,父母不能因为他们早就制止这种事情发生而责备他说:"看!我早就告诉你了!"他们不能装模作样地批评自己的孩子,因为正是他们默许了孩子参加这种运动的。所以,当乔希受伤时,他的父母应当在情感上支持他,告诉孩子他并没有过错,因为,他们与乔希都明白充满活力的生活方式本身就意味着一定的风险。同时,他们也可以把这种遭遇视为一种不幸,甚至认为这是他们共同的错误造成的,这样有助于他们在下次更好地预防这种不幸。

如果乔希是 11 岁,或者他是一个鲁莽的、不太成熟的 14 岁的孩子,那么他的父母很可能去阻止他参加这种没有保护措施的危险运动。这种情况下,确保一个没有良好判断力的孩子的安全就放在了首要的位置。然而,事实上,乔希具备良好的判断力。在参加冒险运动的时候,他并没有要什么花招——他没有骗自己的父母,实际上也没有受过什么伤。他只想体验一下父母所没有体验过的东西。他拒绝戴上护具就参与运动,并非因为他想反叛;他没有带着头盔去比赛,是由于曲棍球比赛的特点所致。此处的微妙在于,乔希做了一些他父母从没有作过的决定,并实现了这些决定。这一点对乔希而言十分重要。这使得他明白了在父母的生活方式之外,还有别样的生活方式,这些方式并不能简单地说是好还是坏,而家长也并不能乐此不疲

178

地禁止孩子体验这种全新的生活方式。另外,这也使他明白了父母可以宽容他独特的生活方式,当然,这种方式并不包括不诚实。由此,在这些问题上,他不必隐瞒父母,不必拥有太多小秘密。

这些性格健康发展的青少年,他们已经拥有了足够的责任心成为一个值得信赖的保姆,同时也拥有了足够的自理能力以致父母无法再强迫他们干一些不情愿做的事情。虽然父母仍然是孩子的权威,但这种权威在更多的时候只是一种对孩子充满智慧的建议。父母会比孩子更聪明一点,因为他们见多识广。他们仍可以在方方面面为孩子提供各种各样的帮助。然而,那种全然靠父母来处理一切事务的阶段已经过去了。如果一个10多岁的孩子仍需要父母如此,那么就说明他还处在一个不成熟的阶段,他还不具备独立处理事务的能力。这样的后果是:学习成绩差、酗酒、意外怀孕、惹是生非、暴力以及其他一些让大人们头疼的事情。然而,仅仅凭这些事情并不必然表示青少年的成长出现了问题。这可能只是正常生活的一部分。

【案 例】

凯伦(Karen),17 岁,在一次社区政治游行中由于非法入侵而被捕。这次示威活动中的领导人包括一些宗教组织的成员。同其他参与者一样,凯伦早就意识到他们面临被逮捕的危险,因此这场游行采取了非暴力的反抗手段。被捕之后,凯伦害怕自己会由于这件事而烙下不良记录,但是她又为自己能在历史上扮演一个活跃的角色而感到兴奋。但她的母亲则痛苦万分,因为她认为这事将会影响女儿的前程。然而,事已至此,而且她女儿有权利和自由选择自己的生活,所以她还是努力克制住自己对于凯伦的担心。她默默地与女儿以及丈夫一起承担着痛苦。凯伦的父亲曾经也是一名活跃的学生积极分子,因此他为凯伦的行为感到骄傲,并认为凯伦最终能将这种经历转化为一笔宝贵的人生财富。

这个案例向我们展示了年轻人需要去冒一些风险,并且需要预见并接受这种风险所可能产生的后果。家长则需要给予青少年精神上的支持,来激励他们的勇气和独立的精神,这是他们冒险和承担后果所必不可少的。这种支持不仅仅给予孩子们勇气和独立的精神,而且还培养了他们与家长之间充满关爱的感情。与他们形成鲜明对照的是,一旦孩子做了自己反对的事,这部分家长会对孩子横加指责。这样的家长不仅会破坏孩子正在发展的人格,而且还会损坏亲子之间的关系。我们不能在孩子需要自己独立认真地作出抉择时,仍然对其管头管脚。在这种关键时刻,孩子需要家长的支持。而如果家长认为不能按自己的路子来培养孩子将会对自己构成一种挑衅,并由此而拒绝给予孩子支持,那么这将会给青少年的主动性和自信心造成严重的打击。

凯伦的母亲知道其女儿需要精神上的支持,因此她努力克制自己,并没有因为这件事而责备女儿,不把诸如"看看你到底干了些什么!"之类的话挂在嘴上。虽然在她的内心中确实有这样的冲动。在一个和谐的家庭中,正如在凯伦的家中,夫妻之间的关系就像一个减震器,帮助他们克服由孩子而引发的内心骚动。凯伦的母亲知道批评孩子并不会起任何作用,因此,她就向丈夫发泄情绪,而她的丈夫则不会受到这种牢骚的影响。凯伦的父亲是一个年长且较为睿智的人(或许凯伦以后也会成为这样的人),不会将这种事件看成历史重要部分,也不会将它看作长期的风险。

这件事还向我们展示了在通常情况下,当一个青少年在面对一个并不理想的世界时,所表达出来的一种激情与自信。他们相信,如果让他们来自主掌控的话,这个世界将会更加美好。而这种表现本身也许会让一些成年人恼怒。

对于许多父母而言,孩子对于独立的渴望是一个标志,标志着父母并非永垂不朽。青少年健壮的身体、美貌的外表以及无穷的精力预示着这个世界最终是属于他们的。父母一方面理智地与孩子们达成协议,支持孩子的活动与雄心壮志;但是另一方面,则害怕并抵制他们,对这些蓬勃发展的年轻人充满了怨恨。

180

临 床 思 考

【临床案例】

凯姆(Kim)在 17 岁的时候被父母带去进行治疗。她妈妈形容凯姆是个"邋里邋遢"的孩子。凯姆是一个平庸的中学生,她在家里表现得十分冲动、易怒。她没有方向、没有计划、缺乏目标。她还经常跟妈妈为一些她们俩都认为是愚蠢的琐事而大加争执。凯姆已经陷入了那些使她歇斯底里的事情中。凯姆的男朋友约翰已经与她交往很长时间,约翰经常会由于嫉妒而对凯姆发火。约翰与凯姆以及他们的那帮伙伴常常聚在一起喝酒,而这种聚会也经常会最终演变为斗殴或是飙车,这都是由于约翰的怀疑以及占有欲造成的。

凯姆的父母拥有一家杂货店,他们在店里没日没夜地拼命工作。他们还有两个大点的儿子。这两个儿子和凯姆在很小的时候就开始帮助父母在杂货店里劳动。凯姆的妈妈不能理解她的女儿怎么会突然变成这样。在以前,她的女儿可是一个刻苦用功的好孩子。凯姆在歌唱上极具天赋,但是在她12岁的时候她却退出了音乐课。她妈妈经常忧心忡忡,怀疑凯姆曾经被性骚扰过,但是凯姆却否认这一点。

凯姆是一个十分漂亮的女孩,充满快乐并且比较实际。她自己也意识到自己生活的混乱,用她自己的话说,就是"一团糟"。她并不能表明自己确切的问题在哪,然而,她现在的状况总跟父母对她的管制有关,尤其是她的妈妈。凯姆总想逃避她的母亲。凯姆形容她父母的身材宽大魁梧,但是他们的思想和生活却非常狭隘。当他们在凯姆身边的时候,凯姆甚至会感觉到呼吸困难。而父母的生活就是跟楼上的人打扑克和拼命工作。

181　　医师要求凯姆找找自己的原因,尤其是她与约翰的事情——约翰酗酒、违法,并且有时还威胁凯姆。医师让凯姆仔细想想,她为什么不为自己的将来多考虑考虑?

经过好几次谈话之后,凯姆终于犹犹豫豫地说出了一件发生在她身上的事情,她曾经傻傻地想彻底忘掉它。在她12岁的时候,凯姆有一天晚上住在离她家不远的一个朋友家里。但在深夜的时候,她又突然要回家拿她的钱包。当她进入她家起居室时,发现一摊扑克牌,很明显,父母刚刚与邻居打了一会牌。当她走过黑乎乎的大厅时,她发现父母卧室的门没有关,而卧室里的景象让凯姆大吃一惊:她父母与邻居一家赤身裸体躺在床上,而且有说有笑。凯姆马上逃开了,这种局面让她头晕、恶心,以致她在门口休息了好半天才缓过来。之后她跑出自己家，并发誓永远不和任何人提起这件事情。

从此，凯姆每当跟父母在一起的时候都感到难受，并觉得父母一下子变得很陌生。凯姆认为她不能再信任任何人了。她逐渐变得轻浮大胆，在课堂上也经常惹是生非，而且还经常挑逗男生。最终，她与她的一个同学约翰好上了。约翰在学校是个体育明星，性子火爆，他牢牢控制着凯姆。从此以后，凯姆就一错再错。

在之后的治疗中，凯姆花了大量时间向医师讲述了她与男朋友之间的困难。有时候，她会阻止男友酗酒，但是没有任何效果。凯姆对约翰极强的占有欲逐渐不耐烦了，最终，她告诉医师她要同他分手。此后，凯姆再次回归音乐课，并且计划好好把中学学业完成。

这个案例说明了一件令孩子受伤害的事情很有可能颠覆他们对父母的信心，或者，更准确地说，一段童年时伤心的记忆会成为焦点并为一系列更为微妙的因素建立规则，这些因素都会让孩子产生一种幻灭感。

182

当发现自己道貌岸然的父母竟然与邻居发生这种事情时，凯姆体验到了许多说不出的滋味：愤怒、羞愧、负罪感、嫉妒以及尴尬，最重要的，还有一种孤独感。这次打击甚至让她一度呼吸困难，而她的父母也不能再给予她安适、庇护以及引导。当然，她父母本身并不清楚这件事，他们还是一如既往地努力为女儿提供种种情感支持，并且还为凯姆没有从他们的这种努力中得到益处而疑惑。对于凯姆而言，母亲在她心目中已经不能够提供任何可靠的帮助了，凯姆不再认为她的母亲是一个好母亲——她的形象完全被破坏了。

几年后，凯姆的判断力以及为自己着想的能力逐渐退化了。诚然，她的父母已经堕落到这般地步，又有什么能够阻止凯姆投身到无止境的聚会、酗酒和飙车中去呢？找一个像约翰这样的男朋友明显表达了凯姆希望得到管制的想法（在交往中，约翰制定了绝大多数的规则）。凯姆害怕受到内心盲目冲动的驱使，因此她需要一个可以处处控制她的人。同时，约翰自己也处在混乱与危险之中，而且，他还常常指责凯姆对他不忠。约翰其实说错了，凯姆并没有对他不忠，但是凯姆却自认为是对的，在心底深处，她觉得忠诚是一种持久的关爱。

通过与医师共同分享这段早年的经历令凯姆得以重新看待她的父母，尤其是她的母亲。她越来越清楚地意识到，她母亲"从整体而言还是一个很好的人"。同时，凯姆感受到了自身的变化，她越来越能够为自己着想，并且说她找到了"自己的声音"。凯姆开始认真地思考并表达自己的想法，同时也不再做一些对自己不好的事情。她逐渐学会控制自己的感情，与他人交流并且为自己的未来而奋斗。

十一 让孩子成熟起来

新 的 关 系

当孩子进入青少年阶段时，家长就面临着一些挑战。对于孩子来说，他们已经开始转变对待父母的方式；而对于父母而言，他们仍把子女当作曾经的那个小孩来对待。此时的孩子已经惊奇地发觉，其实自己的父母是如此普通。这并不意味着孩子渐渐会不爱自己的父母，而意味着家长将会在孩子心中突然变为一个普通人，就像邻居一样。而在孩子在 8 岁之前，他们会将自己的父母视为一个理想化的人，一个值得崇拜的人。

那些仍然试图让孩子崇拜自己，把自己看成是全知、全能的家长将会发现孩子的见识越来越宽广，他们不再满足于父母的那点知识，而自己在孩子心中的那种崇高的地位将会慢慢降低。由于孩子不再相信自己是全知的，这些父母会感到他们的孩子已经失去了对自己应有的尊重。

孩子的这段青春期对于那些曾经受过伤害的父母也是相当困难的一段时期。一个正常的青少年会努力主宰自己的生活，而那些曾经受过伤害的父母会情不自禁地对此产生心理不平衡。因为在他们小时候，自己的父母主宰了他们的一切。这使他们耿耿于怀，不得释然。然而，想束缚住一个有独立精神的年轻人，简直是不可能的事情。正常的青少年需要父母应允他们一定的自治。而那些小时候没有享受过自治的父母则会对此产生嫉妒，在这种嫉妒的驱使下，他们会对自己的孩子说："你喜欢独立自主，但是别指望我会放任你！"

这种家长事事都以自己的想法为标准，照此发展，他们对孩子独立精神的态度会越来越强硬。如果孩子不听他们的话，这些家长就会感到很受伤。

他们将孩子努力追求独立的做法看作是一种挑衅。于是,家长会让孩子作一个选择,要么听家长的话,要么自生自灭。因此,孩子要么成为家长的克隆,要么就失去任何帮助而孤独地走上一条不归路。这种做法将极大地打击青少年,他们会由此而自甘堕落。

一个10多岁的孩子就像是一件尚未完成的作品。因此,家长仍要向他们提供各种帮助:向他们提出建议,保护他们不受消极事物的伤害,与他们就某个事件进行讨论等等。孩子们喜欢这样,他们希望自己在跟家长讨论事情时能受到平等对待,而他们逐渐发育成熟的思维能力促使他们乐此不疲地对每一件事都进行思考。这会使孩子变得健谈,不仅是对家长,对其他人也是如此。

青少年发育成熟的抽象思考能力不仅给他们带来了极大的快感,同时也会带来悲哀。这个世界展现在这些少年眼前的,是一幅充满希望与激情的图景。但同时,这幅图景也给他们带来了现实世界的痛苦。这些孩子逐渐理解成年人复杂的世界,他们也意识到了面对不断的挑战和机会,人与人之间并不是绝对平等的。这个世界要比他们曾经想象的要复杂得多。另外,这些孩子不成熟的人格也使他们以一种黑白分明的眼光来理解这个世界。而此时家长的安慰,也无法宽慰孩子们了,不能使他们忘却所有的烦恼,因为,孩子们已经15岁了,他们看问题要比10岁的孩子深刻得多。家长们再也不能用一个拥抱来解决所有的问题。青春期的孩子们看到,他们的父母并不再是小时候所认为的那么完美、博学。他们也意识到,靠自己的力量来独自处理事务,不仅是一种愿望,而且还是一种必须。所有这一切,导致孩子在青春期时常被一种低落的情绪所笼罩。

185　　青少年的天性使他们乐于跟父母讨论问题,他们需要这些讨论来促进自己的发育。然而,如果父母不去帮助他们,而是一味地遏制孩子独立的想法,那么就会事与愿违。孩子独立的判断力就像是刚刚成长起来的花苗一样,需要呵护与滋养,而如果给这棵树苗过于沉重的压力,那么它将会最终枯萎而死。孩子要发展健全的人格离不开家长的帮助,家长必须以一种合作的态度来帮助孩子。

那些强迫孩子做这做那的家长经常会失败,即便不是立即受挫的话,也必然会最终失败。外界强制力并不能让孩子屈服,对孩子而言,这种强制做法也是对他心理上的冒犯。家长的那些"要让孩子干这件事"的想法从一开始就发生偏差了。如果孩子愿意干某件事，他早就去干了，正像我们看到的那些发生在青少年身上和性与毒品等相关的不幸事件一样。

此处的意思并不在于任由孩子们去发生性关系或是服用海洛因，而是我们要放弃那种强迫孩子做或不做某事的想法与做法。家长们必须利用他们所有的一切来帮助孩子：利用孩子与他们良好的亲子关系，利用自己在孩子心目中良好的形象。这种关系和形象是在孩子漫长的童年阶段中逐渐培养出来的。

家长应当随时随地向孩子提供帮助，与他们展开一系列问题的讨论。这些问题或许是孩子从前不曾想过的，但这种讨论最终会对孩子的决定产生重大的影响。青少年还没能很好地理解一些问题，比如说，他们还没有意识到酒后驾车与在夜晚约会都是十分危险的事情。而一旦这些孩子了解了事情的危险性，他们就会想到焦急的父母，会小心行事，而且还会给父母打个电话，报个平安。

相反，父母越是强烈地要求孩子在晚上几点之前回家，实际上也就愈加严重地损害了亲子间的感情以及他们的最终目标——让孩子快乐成长。这样的父母反而会促使孩子迫不及待地跑出家门，以逃避他们的管制；他们也会使孩子不耐烦，使孩子无法了解父母对他们的担心。甚至，这些孩子还出于泄愤，故意让父母为他们着急，并以此为乐。这种与孩子交往的方式使得家长与子女之间的关系充满了冲突与紧张（是父母把事情搞成这样的），在这种情况下，父母也就不能够为子女走向独立提供必要的帮助。

由于父母并没能给孩子提供这种必要的帮助，孩子会始终停留在一个半成熟的状态。于是，家长与子女就身陷僵局，无法脱身。这些年轻人由于缺乏他们所需要的帮助，正经历一种焦虑与空虚，这是未成熟青少年的典型感受。处于这种状态下的孩子，将极为依赖与他处于同样状态中的伙伴的帮助，而许多问题便由此产生。处理不好亲子关系也使这些孩子怀有一种负罪感，他们仍渴望得到父母的关心与爱护，这种强烈的心理反差就促使青少年去做一些鲁莽危险的事情，以这种刺激来弥补内心的失落。他们会很难过地发现，父母仍将他们视作小孩子，于是这些孩子开始疯狂飙车、抽烟喝酒，甚至开始发生性关系并让自己的女朋友怀孕，他们希望通过这些来证

186

明自己已经不再是小孩子了。

这并不是说所有的父母都应该放宽限度,允许孩子在凌晨3点回家。此处的关键在于,那些只注意孩子几点回家的家长们完全把重点放错了位置。家长的重点应当放在培养一个自觉的并且深爱他们的孩子,要让孩子从自己身上学到一些东西,了解诸如深夜在外的危险以及顾虑家长对自己的操心等。命令孩子在几点钟之前回家只不过是达到这种目标的一种手段,但是,这种手段本身也能够成为终极目标的障碍。

问题是,孩子表面上的行动(在几点之前回家)已经成为家长们的目的,它掩盖了那个真正的目标,即培养孩子完善的人格。这些家长不了解,表面的行为仅仅只是孩子性格的一个不甚准确而且极不可靠的指示标志。换句话说,如果家长的执著会伤害到真正的目标时,他们必须放弃这种对孩子表面行为的执著。喜欢对孩子颐指气使的家长与子女之间的争执,表明了父母仍把青春期的孩子当作幼儿来看待。那些对未来充满信心,并对孩子的行为灵活指引的父母最终会收获满意的结果。相反,那些成天死板地关注孩子表面行为的父母最终往往就不会那么满意了。

187　**【案　例】**

　　达芙妮(Daphne)和凯文(Kevin)分别为15岁和17岁,他们在宵禁中开车兜风,结果被捕。那时他们正好停在一条著名的"恋爱小道"上。凯文对达芙妮怀有一种朦朦胧胧的爱意,而达芙妮对凯文则并没有多大的兴趣。他们两个在学校中都是好学生,而且也都比较愤世嫉俗。被捕时,他们正在车中兴致勃勃地讨论一部19世纪的小说。被捕后他们的家长与警察积极合作。虽然在警察局凯文和达芙妮被斥责了一番,但实际上每个人都没把这当回事,还认为这是一次有趣的经历。

这是一个青少年犯错并且牵涉到警察的案例。当事人忽略了宵禁时会有警察在小道上巡逻,而且一旦被发现在宵禁时外出就会被拘捕到警察局。这件事向我们展示了年轻人思考问题并不那么严密,以及他们对于那些违反常规的孤独者、艺术家和反叛者的一种同情。虽然达芙妮和凯文犯错了(不管怎么说也是违法了),但是这个错误还不算严重。他们的父母认为孩子已经从这个事情中吸取教训，因此并没有就这件事再责备他俩。

信　任

聪明的父母会将孩子长远的利益作为自己最为重要的目标：这些家长本身是正直的，多年来他们对于孩子诚恳的帮助与引导赢得了孩子的信任。他们很少对孩子采取强制手段，除非在迫不得已的时候：如扶着孩子学走路，避免他们撞伤；或是在孩子得阑尾炎的时候强迫他们做手术。而在其他情况下，这些家长往往会以退为进。这样，家长和孩子之间就建立起了必要的信任，只不过孩子不再视家长为全知全能的上帝，他们只把父母看成是普通人。

当由于某种原因而冲动时，一个青春期的孩子会将父母视为自己的敌人。这并不是重点，重点是在他冷静时，他究竟如何看待自己的父母。如果，他并不能理解父母对自己的一番苦心，那么他也将无法靠自己的力量来保护自己。他将会自甘堕落，并企图告诉全世界他有多么悲惨。

一旦孩子对父母失去信任，他们将在人格上产生缺陷：他们无法计划自己的长远利益。这也是由于在这些孩子眼中，父母对这一点漠不关心。青少年丧失了对父母的信心也就意味着他们丧失了希望。他们仅仅是得过且过，同时还怀着一颗失落的心甚至是报复的心。这就注定了他们将走向自我毁灭的道路，通常抽烟是这种情况的一个典型标志。

有些家长认为，如果能让孩子严格遵守自己所定的规矩，就可以让他们避免犯错。然而，事实上并非如此。只有孩子对自己的信任才能帮助他们作出正确的判断，而这种信任是建立在父母与子女相互信任基础之上的。对孩子过分管制会令他们气愤、沮丧，而怀有这种消极心理的青少年极有可能不管父母制定的规矩而做出危险的举动。可惜的是，许多家长并没有意识到这一点。这些青春期的孩子也知道这些举动是出于对家长的失望——其实他们渴望得到家长的爱——他们也明白这些行为将会带来严重的后果。而他们愤怒的情绪主要是由于家长没有给予他们必要的锻炼，使他们拥有独立处理各种事务的能力，于是他们就在没有经过任何准备的情况下被送入了社会。这最终极有可能演变成青少年的越轨行为。这种现象是普遍的,但并不是正常的。有些人会认为那些越轨的少年是由于父母没有严加管教,而事实上,这些孩子的父母却在他们身旁喋喋不休,不停抱怨,不停指责,不停管教,只是这种对待子女的方法通常只会事与愿违。

这些家长其实也是为孩子好,他们本身是很好的父母,他们十分爱自己的孩子。但是,他们却只看到了孩子表面上的越轨行为,却没有深入了解孩子的感受。而青少年的越轨行为也仅仅只被看作是追求刺激享受的结果。因此,在性关系、毒品、喝酒以及逃课问题上,家长与子女之间形成了对峙的局面。家长会说:"我不能让你沉溺于这些东西!"而孩子会说:"你管不着,我总有机会去做这些的。"家长们会因为孩子的态度而受到伤害,他们一方面由于孩子放荡享乐而心理不平衡,一方面又痛心孩子毫无自制力。

家长这样的管教方式反而会使其子女感到越发孤立无助,因为孩子们清楚地知道(或许他们口头上不会承认)之所以会自甘堕落,并不是由于渴求享乐,而是由于他们完全丧失了希望。这是青少年越轨的普遍原因,当然,具体到每件事上都可能会有一些小小的不同。

这样的父母会在孩子耳边喋喋不休,直到双方都筋疲力尽为止。虽然,家长们这么做是尽己所能来帮助孩子,但这种方式一点效果都没有,它只能使家长最终陷入气愤与无助之中,因为他们的孩子让他们一而再、再而三地失望。因此,最为常见的局面就是,无助的家长与苦恼的孩子陷入了一场僵局。而事实上,这些孩子所谓的"问题"正是由于家长对待孩子的方式所造成的。

面对着这些不听话的孩子,家长们会感到十分伤心与气愤。而面对着凶巴巴的家长,孩子们也并不知道其实他们的父母还是十分渴望与自己建立起友善和谐的关系的。这样,父母与子女都有这样一个共同点,即互相都不知道对方心中的想法。也正是由于他们之间那种亲密无间的关系破裂了,他们才会不断让对方失望、伤心。在建立亲密关系的问题上,父母子女双方都存在同样的问题,其中最为重要的一点是:无论人与人之间多么亲近,他们彼此都是独立的,每个人都有权选择自己的生活——无论那是怎样的一种生活方式。

一旦家长对孩子失去信任,孩子也就失去他们所急需的东西。这样,孩子就会越来越堕落,这反过来会使父母愈发对他们失望。因此,孩子所面临的困难越多,就越不可能从家长那里取得精神上的支持和帮助,也就越没有可能走出困境,改正错误。

对家长而言,孩子越是不听话,他们就越努力想尽办法要控制孩子。然而,这就像是在温度计摔破之后,试图将水银再重新注入一样困难。无论是让青少年在监狱或是精神病医院接受教育或治疗,都无济于事。没有孩子的积极配合,父母们很难再让孩子听话。他们至多得到孩子表面上的附和。即便是最严格最有效的治疗手段也必须得到孩子的配合才能起到应有的效果。因此,如果父母在管理孩子上感到无助,那么他们就应该向孩子承认自己的管理方式有误,并努力获取孩子的理解和配合。

家长在采取一系列措施(如把他们关进监狱或是给他们注射镇静剂)拯救孩子之前,必须首先承认处于青春期的孩子有能力选择自己的生活,也有可能毁掉自己的生活。不管是谁,如果他想给予青少年以积极的影响,那么他必须首先与孩子建立良好的关系并取得他们的信任,他只能通过打动孩子的心来间接引导孩子。

临 床 思 考

【案 例】

丹尼(Danny)16 岁的时候接受了医院的检查,此时,他被关押在专门为受吸毒与暴力影响的青少年而建的拘留所中。同时,他的父母也有吸毒记录。在丹尼 10 个月的时候,他的父亲向其母亲施暴,母亲头部受了重伤而住进了医院,至今仍有后遗症,而父亲则被关进了监狱。因此,丹尼被送到了一个照看孤儿的家庭,在那里他待了 6 个月。

之后丹尼回到母亲身边,直到母亲被送到戒毒所,那时丹尼才 3 岁。此后丹尼的阿姨卡拉(Carla)照顾了他 3 年。然而,阿姨卡拉也有诸多问题。与卡拉同住的还有她的男朋友杰瑞(Jerry),杰瑞也有前科。在此期间,丹尼的母亲与丹尼保持联系,但由于她没有固定的住所,所以一直没能让丹尼与她一起生活。

丹尼 5 岁时,杰瑞被捕入狱,而他又被送到另一个家庭中与其他小朋友一起生活。正是在此处,丹尼被一个大一点的男孩性虐待长达数

191

个月。丹尼一直默默忍受，没有告诉任何人，直到一个同样受到性虐待的小孩在家中纵火并造成严重后果，人们才知道了这件事。此后，丹尼被送到了艾博林夫妻家，由他们两个照看。

艾博林夫妻是一对很和蔼的上了年纪的人，丹尼是他们当时抚养的唯一的孩子。因此，丹尼在这里享受了一段稳定的生活。他开始正常上学，并顺利通过了各科的考试。然而，他妈妈却由于非法卖淫被捕。此时，在丹尼母亲放弃对丹尼的抚养权以及丹尼由艾博林夫妇抚养的抉择上，产生了一些争执。

丹尼10岁时，艾博林先生不幸中风，而丹尼也成了艾博林夫人的负担。于是，丹尼的母亲（她一直不时过来看看丹尼）就将儿子又接了回去。而到那时，丹尼已经7年没跟母亲一起生活过了。

丹尼回到母亲身边后，显示出极度不适应。他的生活开始动荡起来，跟随妈妈不断搬家，又不断与同其母亲有染的形形色色的男人接触。在丹尼11岁的时候，她妈妈的一个男朋友怂恿丹尼吸食大麻，并利用他做中间人进行大麻交易。于是，聪明的丹尼很快掌握了大麻交易的技巧，并且在这个行业中越干越好。

由于这种违法的交易，丹尼不时会被警察逮捕。在他13岁时，丹尼被关进了拘留所。然而，丹尼很快利用法律法规的漏洞离开了拘留所到达一个管理松散的教养院。在那里，他又度过了两年光阴。由于丹尼聪明活泼，教养院的管理人员非常喜欢他。但是，他们不知道，在教养院期间，丹尼一直利用自己的客户销售大麻。

丹尼15岁的时候，再次被关到拘留所中。据教养院的工作人员说，丹尼具有非凡的领导才能。一位医师对此很感兴趣，并对其进行了精神理疗。医师首先了解了丹尼从前的经历，他认为这些事情正是造成丹尼现在这种状况的原因。然而，丹尼逐渐对这种谈话失去了兴趣，他经常同医师失约，即使难得到场，也常常昏昏欲睡。丹尼自己也无法解释为什么会这样，他向医师道歉并努力向医师讲述自己过往的故事。

在丹尼进入拘留所10个月后，悲剧发生了：丹尼的母亲在自己的房间中去世，死因不明。丹尼得知这个消息后，在医师的办公室里痛苦良久，医师也竭尽全力来帮助丹尼。然而，到第二天，丹尼却令人惊奇地跟往常一样,仿佛什么事情都没有发生过,这让医师大为惊讶。

几周后,拘留所由于丑闻而被迫更换领导层。一些工作人员被曝光与拘留所的少年犯进行非法的交易,如香烟、毒品、金钱等,甚至还有性交易。而丹尼则是这些少年犯中的一员。

得知拘留所的丑闻后,丹尼的医师十分震惊,他不知道自己竟然是在这么一个腐败堕落的机构中工作。同时,他也开始重新认真考虑自己与丹尼之间的关系。他曾以为丹尼信任自己,而现在他发现这种想法太天真了,丹尼根本不相信任何人。然而,在医师准备就这个问题与丹尼好好谈谈的时候,丹尼居然表示他想终止治疗,而花更多的时间去参加阅读课。这令医师极为恼怒,他意识到这是丹尼在先发制人,以逃避即将到来的谈话内容。不过现在医师所能做的,就是祝愿丹尼,并希望丹尼能重新回归治疗,任何时间都可以。

丹尼的阅读老师是一个愤世嫉俗的老妇人,她对待拘留所的少年犯一向冷漠无情。丹尼并没有向她敞开心扉,正如他从不向任何人敞开心扉一样。但丹尼在阅读课上却十分认真。在拘留所最后的两年里,他的阅读等级从5级一直升到12级。在他18岁的时候,丹尼离开了拘留所,并进入了一所大专学习。虽然他依然吸食并销售大麻,但已经比之前好多了。

这个案例向我们展示了一个饱受折磨的青少年,他长期得不到大人的关心,深受心灵折磨。在他的情感世界中,充满了无穷无尽的失望。像这样的孩子,如丹尼,他们表面上看起来并没有明显的症状,甚至显得十分轻松快活。然而,他们内心的创伤却令他们难以与其他人建立起友好信任的关系,也令他们难以服从社会上的种种规则。

那个医师并没有在丹尼身上取得进展的原因有若干条。首先,他认为他所在的拘留所是一个安全的地方,可是他却没有想到正是这个所谓"安全"的地方的工作人员在不断地骚扰、虐待丹尼。这种成年人对其的不道德行为,也成为日后丹尼各种行为的驱动力。他由此理所当然地疏远医师。丹尼并没有说什么,正像许多病人一样,他以一种毁灭性的外在行为来表达自己的想法与感受。

　　另外,拘留所的工作人员对丹尼的虐待也使他丧失了对医师的信任,因为医师本身也是这个不值得信任的拘留所中的一员。在拘留所丑闻曝光并将相关人员绳之以法之前(如更换新的领导),丹尼没有任何理由去相信那些当权者。丹尼所经历的一切都令他最终得出了这样一些结论,如那些本该保护他的机构(儿童福利院、公共救助、医院、法院、孤儿照看机构等等)本身就是一个巨大的失败。虽然,像此案例中的医师一样,许多在这些机构中

194　工作的人员仍是极具责任心和爱心的。但是他们的一番好心却在丹尼面前显得于事无补,这是由于孩子们并不在乎大人的心意是好是坏,他们只关心最终的结果是好是坏。而对于丹尼而言,他所遭受的结果就是不断地受到虐待和遗弃。

　　如果一个孩子不停地忍受这些痛苦,那么他就极有可能对整个社会充满敌意。他的内心世界中只有两个概念:受害者与作恶者,因为这是他唯一熟悉的人物概念。在这种心理支配下,孩子在逐渐长大的过程中,将通过努力成为一个作恶者来改变自己受害者的身份。

　　那个医师天真地认为他可以和丹尼建立起友好信任的关系。然而,对于这样一个青少年来说,他并不知道这种关系有什么用处。他只关心他最终能得到的切实利益,如咖啡厅的代金券或是一双运动鞋。对于此类青少年,我们应当按他们的理解来定义这种关系——把它看作是一种实质利益。我们可以通过向青少年提供他们所希望的东西来建立这种关系。对于丹尼而言,他所希望的就是学习阅读。

　　对这个案例更深层次的思索告诉我们,大人不能再让孩子对诚挚情感的渴求受到挫折。当孩子受到虐待时,他们极其渴望能得到大人的庇护,即使一开始孩子会对这种感情关系产生敌意。然而,对于稍成熟的孩子而言,这种渴望会渐渐消退,他们心灵之门会逐渐关闭。这些从小就经历虐待的青少年已经丢掉了儿时的那份迷茫与热情,他们开始以自恋的方式来解决问题,而不再求助于任何人。于是,当这些孩子渐渐长大之后,他们就更难与人真诚沟通,而对他们的治疗也将变得更加困难。

十二 男性与女性

性行为与性格

性行为是性格中最综合的元素之一,它从一种生物最为基本的冲动转化为一种由文化所界定的行为。它是人们表达自己个性的一种形式,表达人们对于生活的信仰。性行为以无数种方式与人们对自己的认识交叉在一起,其中包括人们的目标、价值体系、欢乐与绝望。它是人类性格的一面镜子。

一个人的性行为就像是一首乐曲一样,如爵士四重奏或是管弦交响乐。在生命的旅程中,它在不同的时段以不同的乐器演奏出不同的篇章。通过将不同的声音和谐交织在一起,它向我们暗示了一些东西。真正成熟的性爱包含着对性行为后果的一种责任感,它隶属于成年人的范畴。而除此以外,性爱的其他组成部分则从婴儿期就开始发展了。这些组成部分就像是交响乐中的小提琴、喇叭以及管乐器,它们有各自独特的旋律与音调。这种复杂性造就了人们在性关系上呈现出的一系列内在冲突与失调。

当然,许多家长仅仅是简单地关注他们的孩子是否会与他人发生性关系,因为这种性关系会带来一些潜在危险。然而,家长应当对孩子的性行为有更为深刻的认识,这就要求他们放宽眼界,把性行为放在一个更为广阔的空间中去考量。家长们理应知道,性行为对于青少年成长的意义:他们是如何看待性快感、性行为的目的与特征,如何认识浪漫的爱以及爱的承诺,以及如何理解两性关系和两性角色。同样重要的是,以上的这些问题是如何转变成为一个人的性格特征,如何演变成为对自我的认识、是否真诚以及有无计划和目标。

青少年的性能力逐渐发育成熟,同样,在情感方面他们也逐渐具备了性意识,他们开始渴望性行为带来的刺激与高潮。青少年的这种性幻想会受到外部因素的影响,而且这也是科学家和诗人努力探索的一个领域。当然,欲望本身并不是青春期少年们特有的现象,因为占有、被占有、控制、爱抚、亲吻等等的欲望自从婴儿期就有了,有些甚至在那时就得到了满足。我们可以说,爱一个孩子以及对他进行身体上的爱抚与为他性成熟作必要的准备是分不开的。

孩子在早期所经历的爱以及爱抚是十分重要的,因为它们将会把孩子由身体接触所带来的快感与人与人之间恒久的爱意紧紧联系在一起。然而,如果一个人在孩童阶段并没有从父母那里得到应有的爱,那么等他成年之后,他将会一味地追求身体上的快感,而不会真正从情感上去爱一个人。从生理的角度来看,这样的个体并没有什么不正常。然而,当我们从情感以及心理需求的角度来看,那么这个人就是一个有缺陷的人。

性行为与性格有着紧密、双向的联系。没有性冲动的驱使,一个人的性格育成将会受到局限,他会变得无趣、消极,甚至没有生命力。虽然,我们经常看到一些人由于环境的局限和个人选择而终生单身,其实他们会将自身的性冲动转移到其他事物上去,这些事物给予他们对生活的热情。有时,我们也会偶遇乏味的人,他们通常会在某些领域中表现出非凡的才能,但是却在性方面一窍不通。这样的例子在历史上并不罕见,因为当时的社会在性问题上不像今天这么开放,处于发育阶段的青少年也很少得到性方面的启发和教育。

完善的人格会对人的性行为产生巨大的影响,这一点无论是宽泛意义上丈夫、妻子或是父母的身份,抑或是具体指做爱本身,都是如此。正直、忠诚、勇敢、善良以及有理想这些优良的品质可以帮助一个人将其所爱的人吸引过来,并维持他们的爱情。如果家长能明白这一点并由此开展孩子的性教育,就能帮助孩子摆脱当今社会的一种不良倾向——青春期焦虑不安的孩子常常只关注生理上的享乐。

为此,家长应当鼓励孩子在交往时重视他人的优良品质。当一个妈妈对她女儿最好的朋友的热情与勇气大加赞赏时,这个母亲会收获很多:她不但照顾到了女儿的情感,同时也告诉女儿在与其他人交往时也应当注意这些人是否具备优良品质。这样做还会令母亲获得女儿的信任,这种信任十分重要,尤其是在以后的日子里,当母亲发现女儿所结交的朋友并不是一个可靠人的时候。而如果母亲当着女儿的面奚落其朋友,嫌她的朋友不洗头发或是鼻子太大等等,那么这无异于告诉女儿交友时一个人的内在品质并不重要。

个性的稳定性与责任心紧密相连,它对一个人的爱情有着十分重要的影响。一个孩子如果能在家庭生活中得到父母稳定而可靠的爱——不论是从行为上还是心理上,他今后就有可能给予别人这种爱,获得美满健康的爱情。

家长应当教给孩子爱情中最为重要的东西是什么。他们应当让孩子知道,寻觅恋人也就意味着寻找一个富有责任心且体贴的伴侣。父母可以通过一种婉转的方式告诉孩子这一点,如可以对孩子说:"你是多么可爱的一个孩子,所以你的另一半一定要善良温柔,这才配得上你!"而如果父母能身体力行,无论是对待孩子还是对待他人都能表现出体贴和温柔,这样就更能让孩子深刻理解这一点。在这种环境中,孩子根本不可能与那些粗鲁以及没有责任心的人交往。

198

嫉　妒

爱与恨永远是紧密联系在一起的。在一个人的爱情生涯中,总是不可避免会出现愤怒、嫉妒与怨恨的情绪。孩子会十分直接地表达这些情绪,他们在婴儿期就会这样——他们会牢牢抓住他们所喜欢的东西,而一旦他们无法获得,便会牢骚不断。有时,当一个孩子无法获得他想要的东西,他便会表现出对这件东西及其主人的一种蔑视,以宣泄自己的不满。如果这种情绪最终主导了孩子的性格,那么孩子对于爱情的理解将会全然偏移。一个无法正视自己心中那股强烈嫉妒心的人,很可能最终会为这种嫉妒心所累:他将无法享受自己所拥有的一切,而沉浸在自己所不能拥有某物的悲伤之中。这种嫉妒心在日常生活中随处可见:一些人对那些长得比自己好看、事业比自己成功的人看不顺眼,对那些具备自己所欠缺的才华、金钱、运气、地位、智慧的人总是充满仇恨，并且还常常不失时机地对他们进行人身攻击。

对于刚刚萌发了性别意识以及个体意识的孩子而言，这种嫉妒心尤为强烈。这个时期的孩子同时也会怀有无尽的理想，他们希望自己长大能干许多事情，他们会说："我长大了，要当个警察，要当个公主，要当个影星，还要当总统！"随着年龄的增长，他们明白要满足所有的这些愿望是不可能的。此时，孩子会极度失望，男孩将会知道自己没办法像母亲一样，而女孩子也明白了自己无法像父亲一样。但是，父亲可以鼓励儿子，使自己成为孩子心中的榜样，同样，母女之间也是如此。

在一个充满爱心与尊重的家庭中，孩子自然会产生一种自豪感，这种自豪感会帮助孩子战胜嫉妒心理。孩子会坦然接受男与女之间的差别，消除对异性的嫉妒：男性不能生产和哺育婴儿；女性没有男性的生殖器，也不能像男人一样，到了 90 岁仍然可以得到新生的孩子。除了了解两性差别之外，孩子还会逐渐接受其所在的家庭或社会所赋予男性或女性的角色界定。然而父亲对女儿以及母亲对儿子的影响也是显而易见的。比如对于儿子来说，他虽然明白自己终有一天会像爸爸一样成为一个男人，但是他仍希望能像妈妈一样拉小提琴或是养热带鱼。只有幼儿才会拘泥于对性别的呆板认识，儿童常常会对女性政治家或航天员大为不解，因为他们认为这些职业按老一套观念只能由男性来做。而一个心智成熟的孩子则会全面考虑自己的特征，为自己留出较大的发展空间，他既可以学习针线活又可以学习击剑，既能成为一个神经外科医师，又能成为一名卫校老师。

性方面的健康成长可以帮助孩子调和其性格中的各种因素，并且这种和谐也可以在孩子性格的多种因素中得到加强和巩固。真正不健康的心理状态只有个体心理因素失调时才会形成：即贪欲与愧疚彼此冲突，满足与自责如影随形。

同　性　恋

生命的早期阶段，对人的性认识产生影响不仅仅来自其父母与其所爱慕的异性，各种因素都会起到很大的作用。由于每个人都受多样性因素的影响,因而如果独立来看,人的性格中有许多异性家长个性元素的渗透。从这个意义上说,所有的人从根本上都是双性的。

有些人,他们只会对同性的人产生性爱,有时这种情感只是片面或一时的,而有时则是全面和持久的。对于中年人而言,虽然他们的性取向已经相当稳定,但是,新的环境、新的喜好、新的刺激都有可能改变他们从前的性偏好。我们的社会倾向于让人们以传统的方式来构建自己的性意识和性取向。然而,并不是事事都如社会所愿。在许多地区,不同年龄层都有数量可观的男女只对同性产生性冲动。有时候,这些人具有一些异性的特质,但有些也没有这种特质。

我们的文化对于同性恋存在很大的偏见和歧视,这种力量如此强大以致我们不得不怀疑这种歧视是否出于一种嫉妒。古时候,如果一个人性取向不符合传统,那么他将会被公众认为是病态的、邪恶的。直到今天,我们仍不知道同性恋的原因是什么,也没有证据显示同性恋是一种病态和邪恶的表现。但许多人仍对同性恋感到不理解,而且在许多公共与私人领域中,仍存在着对同性恋者的歧视。

有时候,一个人在孩子阶段就表现出同性恋的倾向,这对家长而言是不正常的现象,但对孩子而言却是再自然不过的。而强迫孩子做一些违背天性的事是不明智的。家长们也许会想,在社会生活中,恪守传统的人会得到较大的便利。但是,这里的重点自然并不在于显示孩子如果传统一些,他的生活就会一帆风顺。

性　歧　视

许多家长都对孩子表现出来的性别歧视感到一筹莫展。当一个小男孩对父母说:"我不想去演这个话剧,那是女孩子干的事情!"家长可以告诉他说,这个话剧是任何人都可以演的,只不过也许不适合他而已。由于当今社会已经越来越注重一个人的能力而非性别,因此家长在今天也就越来越多地鼓励孩子,并且积极地帮助他们去做自己想做的事情,使孩子们不再受传统性别观念的局限,这样做无疑是明智之举。

许多孩子是以家长为榜样的,因此父母可以通过这一点来影响孩子,告诉孩子工作的性质并不分男女,虽然社会期望通常把这两个范畴界定得很严密。比如父亲可以告知孩子,爸爸也可以在家里照顾小孩,教育儿女,以便他长大以后把这当作自然的事。男孩和女孩都应当受邀了解小孩(如果家里没有现成的),以体验到照顾小孩的乐趣。

让一个孩子对自己所作所为感到自豪,与在他心中建立一个呆板的性别模式是截然不同的。从前,一个理想的男人与一个理想的女人的行为模式是绝对不能混淆的。而今天,我只考虑如何能成为一个理想的人。以前,一个理想的男人应当是在两性中占主导地位,他应当是雄心勃勃且无所畏惧的;而一个理想女人则应当是温柔、服从、体贴。但是今天,我们只把这些特征看作是人的个体特征,并不以此给人们贴上性别的标签。

然而,直到今天一些家长的态度仍没有转变,他们会因为自己的儿子钟情于洋娃娃或女儿执著于假扮牛仔而不安。这些家长全然不理解自己的孩子,他们仅仅是从自己的感情出发决定儿子或是女儿的行为模式。他们不准儿子流眼泪,也不准他们表现出焦虑之情,否则就会指责他们跟娘儿们似的。但是,这种被压抑的情绪仍会通过各种渠道发泄出来,男孩子们也许会通过酗酒、暴力或是其他"具有男子气概"的行为来发泄自己,这些失去控制的行为在某种程度上被社会所认可——它被认为是男子汉的行为,虽然这些行为同时也会令人感到不安。

同样,女孩子们也被告知不要参与竞争,不要表现出激烈的举动,不然她们就会显得很不淑女。然而,这些情绪仍然会间接地发泄出来,通过忍受性虐待或是其他一些消极被动的方式。

如果孩子有性别歧视的倾向,人们或许会说:"只有在过去人们才会有这种愚蠢的想法。"从前,妇女确实没有任何机会获取任何权力,也无法决定自己的婚姻。现代社会,虽然人们认识到了性歧视的错误,但是,在某些方面性别不平等仍然存在。孩子们或许会机敏地发现现代社会中的这种矛盾,而我们也不能为此而指责他们。我们必须向他们解释,尽管现实不如意,但是人们都在努力消除这些不平等。父母还可以通过建立夫妻间平等的关系来教育孩子,在这种关系中,无论父母扮演何种角色——是赚钱还是做家务,都并不会影响夫妻之间的平等。

性 与 受 害 者

在历史上所产生的两性在职业、经济以及政治上的不平等,经常会与两性的心理战混淆,而两者确实有些区别。男人与女人之间的这种战争在很大程度上是由受害者心理的驱使:通过性别战争,受害者表达出了他的嫉妒、怨恨以及无助。

而现在,我们认识到男人正是受到这种受害心理的影响,才对妇女产生歧视,而这种受害心理也包括男人发现自己受到女性肉体的诱惑。男人希望羞辱和蹂躏女性,于是在他们的眼中,女人仅仅是一个性玩偶。这种想法对一些男性来说再正常不过,因为他们认为自己累死累活地在外赚钱糊口,而女人仅仅是整天无所事事挥霍他们的血汗钱。对于怀有这些想法的男人来说,他们自身其实感到十分无助,他们甚至希望与女人换个位置,让她们出去赚钱,而自己在家里做个玩偶。这种想法其实在一个人的童年期就埋下了种子,这是由父母的行为影响造成的。在一个家庭中,如果父亲表现出对女性的不尊重,那么他将会影响儿子,使儿子最终也抱有这种观点。同时,他的女儿也会逐渐接受女性的这种不平等地位,或者干脆就拒绝任何男性以避免受到伤害。

同样,对于一些妇女而言,她们也对男性充满敌意,她们把男性统统视为自己的敌人,视为未发育完全的低能者。在她们眼中,男人们总是希望女性能依附于自己,但实际上却一味背叛、羞辱或是虐待女性,而不幸的是,这个世界从头到脚都是男人说了算! 同样,女性的这种观点也给孩子的性成长营造了一个充满嫉妒与愤怒的环境。她们的女儿会失去对男性的信心,而儿子则会认为世界上所有的女人都跟他母亲一样,都对男性充满敌意并企图控制和报复他们。

一个有着受害者心理的人更倾向于找到同样有这种心理的人作为自己的伴侣——当然,这种伴侣也会由于同样的原因而离婚。这种吸引力是自然的,因为他们共享同一个观点。此类夫妻之间充满着斗争,有时候是公开的、身体上的,而有时候则是看不见的、心理上的。这些男女会找出很多理由来支持自己的观点,但是无论男女,他们之所以会持有这种观点的基础是

203

一种不平等的感受,一种对他人的嫉妒与怨恨。显而易见,那些有着受虐心理的人们,无论是什么原因造成的,都会受到性方面的虐待。而这会对孩子产生极不好的影响,因为他们将会以父母双方对于性别的看法来塑造自己的性角色。有时候,一个女孩子或许会十分理想地认为,男孩子永远不会遗弃她的,然而,冷酷的事实让她转而意识到任何一个男人都是不值得相信的。甚至有时候,她的妈妈会亲自告诉她:"天下男人都一副德行,他们只会对女人的身体感兴趣!"

这些问题通常会在父亲发现女儿的男朋友骂她婊子之后才会凸显出来。当这种事情发生之后,人们会错误地把关注点放在女孩的男朋友身上,但关键点其实在女孩的父亲身上,正是他对女性的歧视以及谩骂影响到了她女儿的性别定位。

这样的家长其实也是在一个性别歧视的家庭中成长起来的。许多妇女在小时候就发现了她们的父母会在她的兄弟身上花更多的钱和精力。而许多男性则在小时候发现当他们哭泣时,只能得到父母的责骂,而他的姐妹却能获得安慰。正是这种性别模式的培养使得小男孩和小女孩从小就互相充满了怨恨与嫉妒。而一个性生活上有着诸多问题的人,往往就是这些在成长过程中经历了嫉妒与伤害的男孩与女孩,他们的自信心、安全感以及信任感完全被这种经历破坏了。当这些孩子渐渐长大成人后,他们对甜蜜爱情的理想以及对美好未来的期望就被失望感与背叛感所取代。

临 床 思 考

【临床案例】

劳伦(Lauren),9岁的时候告诉妈妈,爸爸曾经企图强奸她。由此,劳伦被母亲带去接受精神治疗。劳伦的爸爸是一个失业者,而且还有精神病史。当劳伦的母亲问他关于强奸劳伦的事情时,他什么也没说就突然离家出走。之后劳伦的父亲在一家旅馆企图割颈自杀,但被人及时发现并抢救过来。然而,他却再也没有回家。

警察开始和儿童保护协会共同调查这件事。劳伦有两个弟弟,妈妈在一家快餐厅工作。劳伦是一个刻苦的孩子,在此事之前,她的学习成绩非常优秀,可惜自从这件事发生后,她在学校几乎连连不及格,并且还经常做噩梦,经常梦到企图强奸她的父亲,这使得小劳伦一刻都不敢离开她的母亲。

因此,劳伦的母亲带她来接受精神治疗。劳伦是一个漂亮整洁的小姑娘,只是愁容满面,显得十分拘谨和畏缩。在第一次来医院时,劳伦甚至不敢进入医师的办公室,她被办公室门口的牌子吓着了。这个牌子上写着"THE RAPIST"(临床医师),而劳伦却把它看成是"The Rapist"(强奸犯)。

在随后几次的谈话中,劳伦仍是小心翼翼,对医师充满戒备。但有时劳伦却像突然变了个人似的,她甚至诱惑这个医师——她躺在地板上,撇开双腿,并要求医师说一些"脏话"。

同时,法院就劳伦父亲企图强奸其女儿一事开庭审理,而劳伦也将要出席作证。于是,在此之前,医师又与劳伦母女进行了会谈(与母女分别谈一次,再一起谈一次),商量关于劳伦出庭的事。

刚开始医师对劳伦的表现十分惊讶,用医师自己的话说,劳伦"十分不情愿出庭"。但是,当他再次与劳伦母女一起商谈时,他又发现母女俩都十分重视这次开庭,劳伦也乐意出庭作证。劳伦在治疗中上演这种矛盾的情绪也不是一次两次了,而每次医师都能从中发现一点劳伦心理创伤的细节。

开庭的时候,医师陪同劳伦母女一起进入法庭。然而,被告律师却反对医师出席,他认为医师很可能左右劳伦的证词。但是法官驳回被告请求,判定医师在场是"人道且合适"的。最终,劳伦父亲被判有罪,但是由于他患有精神疾病,因此对他的判决中也考虑了这个因素。

在对劳伦治疗一年之后,她的病情有了极大的好转。劳伦对自己出庭作证的经历十分自豪。她对父亲表示遗憾,但同时也十分高兴他得到了应有的治疗和惩罚。劳伦还表示,她将来要做个医师或律师,来帮助那些"有许多烦恼的人们"。

这个案例说明了,让儿童受害者正视自己的过去与治疗过程同等重要。一些医师常常害怕让自己的儿童患者出庭作证,因为这些受过伤害的儿童很可能在法庭上再次受到伤害。低效率的官僚机构、在公众面前抛头露面、咄咄逼人的律师以及最终不满意的判决，这些都有可能给孩子造成永久性的伤害。然而，这些担心虽说是正确的，但是我们同样要考虑到另一方面容易被人忽略的因素。对于一个儿童受害者而言，他们不仅仅需要的是治疗，他们还需要正义，他们也应当得到正义。虐待儿童不仅仅是一种病态表现，而且还是犯罪行为。这种行为不仅仅对于社会而言应当得到惩罚，对于这些年幼的受害者而言，也是如此。

从这个意义上而言，通过法律来让犯罪者得到严惩会对儿童受害者大有裨益，即使这种尝试最终未必成功。这样做会将这些犯罪者置于一个更为广阔的空间之中，让他们与其他的犯罪者站在一起，并且这种行为会将整个社会引入这件犯罪行为之中。这种广阔的场景常常会震惊那些孩子，他们从而知道自己并不是孤立的——整个社会都在关注这件事情；同时他们也知道了自己也不是唯一一个受到虐待的儿童。这些孩子会欣喜地看到那些曾经虐待儿童的人都得到了严惩。

在这个过程中，各种各样的人都以他们自己的方式加强了孩子对自己权益、尊严的意识，如律师以及案件的负责人。孩子从此认识到，不仅仅是医师、朋友和家人关心自己，而整个社会都在关心他。同时，与他处境相同的那些孩子也同样得到了社会的关心与照顾。

法律的目的并不是要让犯罪者受到折磨——虽然这个希望在对受害者治疗中值得探究，它的目的是让真相水落石出。通过法庭，事情真相大白，而孩子则在这个过程中重新建立起对社会公正的信心。即使法庭最终并没有给人一个满意的判决，孩子也由此意识到这个世界上还有许多与他处境相同的伙伴。

对于儿童受害者而言，最大的危险就是，这些孩子不能正面面对他们曾经受到的创伤，这很有可能造成一个分裂的、不完全的人格。孩子们的底线一旦被大人所打破，就难以再建立起来。被侵犯的孩子最终会慢慢放弃自己合法的权力，他们将失去自己的观点、想法，而任由外部世界摆布。这种低社会化或反社会的行为其实是孩子们对于自身问题的一种病理学反应。随着犯罪人不断地对受害者进行强迫，在这些受害儿童心中，犯罪人已经成为挥之不去的阴影，儿童便与对他的各种侵犯达成一种妥协。然而，除了这种机制之外,我们的社会还常常不能有效地保护孩子,不能让那些罪犯得到应有的惩罚,这种状况对于那些受害的儿童更是雪上加霜,他们不仅失去对自己未来的希望,更会失去对整个社会的信任。因此,医师们必须注意家长们的角色——他们对治疗孩子的精神伤害有着巨大的作用。那些孩子并不是一个人在生活,他们是在一个特定的环境中,所以,他们不仅需要个人的努力来摆脱困境,还需要来自外界的帮助。

十三　浪漫与婚姻

青少年的性爱

儿童的爱情是超现实的,这种爱情并不受到现实状况的束缚。因此,孩子们会爱上一个影星,或是爱上一个仅仅是在学校巴士有过一面之缘的陌生人。相比之下,一个成熟的成年人的爱情则现实得多,它包含着一生的承诺。而青春期的孩子则处在两者之间,这个阶段的孩子所遭受的性方面的困扰所显示出的是一种将成熟而未成熟的中间状态。在传统社会中,包括20世纪中叶前的美国,成年人与未成年人在性方面的界限十分明显。未成年人在经济上和心理上都依赖于父母,他们不能拥有性行为。而经济和心理独立的成年人则不然。因此,虽然那时的未成年人之间有着多种准性行为,但他们绝不会越雷池半步,性行为对他们而言意味着过于沉重的心理、生理以及社会压力。然而,在1945年之后,情况完全变了。

需要说明的是,在过去,一个孩子到16岁或18岁就表示他已经成人了。因为那时的生活要比现在困难得多,而且机会也少得多。许多孩子在满16岁之后就被迫远离故乡寻找生计——那时16岁的孩子已经在智力、社会能力以及职业技术上比较成熟了。因此,当这些孩子找到一份稳定的工作后,他们就已经作好了结婚的准备。对于他们而言,婚礼在这个时候是适时的,因为他们已经摆脱了对父母的依赖,而在经济和心理上完全独立了。这种情况在今天的社会中依然存在,包括在美国。这是由于一些地区受环境所迫,年轻人不得不提早步入社会。

由此看来,在当代社会中仍然存在着许多20岁以下的妈妈,但这个现象并不能说是不好的。因为对于这些未成年人而言,他们之间的性爱以及性爱的结果——孩子——都得到了一种承诺,他们不仅有能力彼此负责,相伴一生,还有能力照顾孩子,为孩子创造一个美好的未来。虽然从年龄上而言,他们还仅仅是个孩子,但从心理上而言,他们已经成熟了,已经有能力支撑起一个家了。

许多女孩子在少女阶段就会表现出想当妻子和妈妈的欲望,这种现象并不是反常的。只有在这些少女的其他方面并没有为这种欲望提供充分准备的时候,问题才会出现。此时,她们自相矛盾,一方面希望能成家,但另一方面各种条件又没有完全成熟。这种矛盾的状况尤其容易出现在女孩的身上:这些女孩子一方面无法从心理上完全脱离对父母的依赖,一方面又怨恨父母(尤其是对母亲)没有给予她成长所需要的一些条件。

这些女孩子常常会认为正是由于母亲的不负责任,她们才会遭受如此多的痛苦,尽管这些事情是母亲所无法控制的。女儿埋怨母亲的情况相当普遍,它是女孩子对于各种伤害不成熟的反应。她们极为肯定,认为自己的母亲是不称职的。于是,在这种母女关系之中便充满了失望、挫折以及愤怒。这些女孩在成长的道路上遇到了障碍,她们无法获得自己成长所需的一些东西:正义、报偿以及其他的一些需求。

这样一种心理状态对于青少年而言是十分危险的,它会使孩子的人格倒退到儿童阶段。在这种情况下一个女孩很有可能会产生一些变化:她不再与母亲像以往那样亲密无间,在她眼里,母亲现在已经变成一个无足轻重的人,一个不值得重视、喜爱的人。于是,她开始慢慢地疏远母亲,以此来显示自己的成熟与独立。然而,鸟倦而知还,当女儿在试图独立的过程中经历过一系列的挫折与打击之后,她终于发现自己所谓的"独立"仅仅只是一个假象——她仍然无法离开母亲的帮助。

这种窘境中的女孩子通常是那些提前拥有性生活的未成年人。她们与自己男友的关系是剧烈、贫乏且充满争执的,而这些恰恰正是她们与父母之间关系的特征。因此,这种爱情关系往往是不稳定的,尤其是当那些男孩子本身也具有诸多问题时。这些男孩深深怀疑自己能否成为一个合格的男人,因此他们就通过性行为以及夸大炫耀自己的性能力、性魅力来证明自己是个男人。

209

这种心态促使了意外怀孕的发生,因为对于这部分男孩而言,拥有自己的儿子或女儿有着很大的意义。他会借此向所有人展示,自己是一个真真正正的男人。同时,女孩子也通过拥有一个孩子打消了自己曾经的顾虑——怀疑自己不是一个健全女性。女孩子还通过怀孕来向母亲挑战,一方面,她要显示出自己在性方面的成熟(她母亲的性能力则渐渐消退),另一方面,她也要告诉母亲,她自己可以做一个更为称职的妈妈。女儿的这种做法会深深地羞辱母亲,因为她没能培养出一个理想的女儿,没能让女儿在结婚之前保持处女之身。母亲由此会羞愧难当,并对自己母亲的身份产生怀疑,毕竟她没能教育出一个听话的女儿。然而,对于女孩来说,怀孕、生产、养育让她们倾注了大量的时间和精力——也许这是她们最为认真和努力对待的一件事情。她们有了自己的孩子,就等于拥有了一个可以爱的人以及一个可以回馈自己爱的人,在这种爱的关系中,她们不会受到任何伤害。

210　　　有时也会出现一些有趣的现象。有些女孩总是觉得妈妈是如此强权、粗鲁和固执,以致自己始终无法摆脱妈妈的束缚。然而,当这些女孩有了孩子之后,妈妈就会把更多的精力放在这些新生婴儿上,而自己就摆脱了束缚,获得了自由。有时候,姥姥照料自己的外孙会显得十分开心,她经常与自己的女儿一起合作来照顾孩子,并且还与女儿站到了同一战线上。"男人没有一个好东西!"这是她们共同的观点。

这个未成年妈妈对他的态度决定了孩子对于未成年妈妈的意义。如果这一个女孩还没有为当妈妈而作好准备,那么一旦拥有一个孩子,她将会显得不耐心、不开心,也不会对那个孩子产生感情。照顾孩子的技巧以及对孩子的态度的不成熟成为未成年妈妈对孩子态度不好的重要因素。这些妈妈通常会对自己的孩子十分苛刻,动不动就会惩罚他们。这种关系恰恰是这些未成年女孩与她们自己妈妈关系的翻版——她们对待自己子女的方式正是母亲对待她们的方式。这就像是受了伤害的小姑娘把自己的愤怒发泄到洋娃娃身上一样。

同样是未婚妈妈,但是其中的一些女孩在各方面已经成熟,她们已经有能力成为妈妈;而有些则仅仅是一个反叛青少年的一时冲动,她们自己本身就有许多问题,更别提做一个合格的妈妈了。这两种未婚妈妈截然不同,我们也当分别对待。当然，在有些情况中，这两种因素都会存在。

【案 例】

约希(Josie)18岁的时候在学校里是一个相当优秀的学生，但是正是在这一年，她却意外怀孕了，孩子的爸爸是约希课余打工的老板。这个老板并没有强迫约希发生性关系，而是通过诱惑来达到他的目的的。约希是一个安静、文弱的女孩，她与她的父母住在一起。在约希10岁的时候，她们家发生过一场悲剧：她的姐姐在一场车祸中丧生，而约希也因此受到重伤——直到现在她走路仍有点跛。这个悲剧一直让约希一家生活在阴影之中。

当约希父母知道约希怀孕后，他们与自己的女儿联合起来，一起谴责那个老板。同时，约希一家也因为这个即将到来的宝宝而活跃起来。约希的妈妈一边给约希缝制孕妇装，一边又给宝宝准备婴儿服。约希的爸爸是一个木匠，他重新将约希的房间装修了一遍，以便将来约希与她的孩子一起住在里面。因此，这个宝宝是在一个十分和谐的气氛中诞生的。约希利用自己打工赚来的钱来养育自己的孩子。几年后，约希与一个同岁的男子结了婚，开始真正的独立生活，并继续养育着这个孩子。

211

这个案例告诉我们，意外怀孕有着多重意义。虽然怀孕对于约希来说是完全出乎意料的，而且从表面上看，这对于约希一家也是一场灾难。然而，这次怀孕事实上却给约希一家提供了一个契机，使得他们由此而建立起更为亲密的关系，也使得他们共同走出了约希姐姐的去世所带来的阴影。约希作为一个受害者，在几年后同样得到了真正的爱情。宝宝的诞生为约希一家填补了一个空白，她使得整个一家人都忘记过去，放眼未来。整个家庭从此就有了一个新的开始。

在约希生下一个女儿后，她父母给予她心理上和经济上的援助，帮助她走出最为困难的一段时期，这对约希而言，意义重大。特别需要指出的是，在那场车祸之后，约希的父母其实可以给予约希更多的关心和帮助，而不至于让她从此之后一直置身于阴影之下。

神圣的婚姻

青春期的孩子如果追求性生活,那么他们应当自己去承担一切后果,就像成年人一样。而如果这些孩子仍需要父母的帮助,仍需要父母为他们料理"后事",那么这些孩子就还没有足够成熟能够进行性行为。简单地说,如果一个青少年还不能承担性行为带来的一切后果,那么他就根本没有资格去享受性快感。今天的许多青少年也都理解这一点。

显然,很多青春期的孩子处在这么一个困境中:他们一方面身体已经发育成熟,而另一方面,则在心理和社会关系方面显示出幼稚和胆怯。他们有着极强的性欲望,但同时他们又没有实现这种欲望的机会。于是,这些青春期的孩子们就通过其他方式来发泄欲望,如手淫、看色情录像。通常,孩子们会聚在一起干这些事情,他们需要互相给予对方勇气。而家长们只要仔细一点,就可以发现这些行为,因为孩子们会因此产生一种罪恶感,并希望被父母抓到。

在这一点上,父母的态度显示出了少有的口是心非。家长会对孩子说:"我不希望抓住你们干这些事。"这就意味着,家长是允许孩子这样做的,只不过别让他们发现而已。因为家长们明白青春期的孩子在这方面强烈的欲望,这种欲望有时可以让他们感到惊讶。同时,孩子也渐渐明白了在性方面他是无法与父母交流的,也无法得到他们的帮助。如果青少年年龄足够大希望得到性快感,那么就需要他们自己来承担性行为的一切后果。因此,在这方面,孩子与家长之间就有了一条明确的界限:家长是无法介入孩子的性生活的。青少年需要自己承担性行为所带来的一切,家长也应当让孩子们知道,这是他们个人的事情,也需要他们个人来负责。

与在其他方面一样,在青少年性的问题上,孩子自己的观点与社会公众的看法通常有些矛盾。同时,家长与公共机构的意见也不大一致。这是很自然的事情,毕竟家长不是公共机构。由于避孕套在防止艾滋病以及其他一些性病的传播有着明显的效果,也可以避免意外怀孕,所以,对于每一个美国人,包括青少年,应当能够很容易地买到避孕套,就如他们能够得到安全有效的避孕知识一样。青少年应当利用生殖健康知识(包括流产)来避免不必要的死亡和痛苦。以上这是社会公众的意见。

而家长们会认为这种社会意见只是把他们的孩子当作一个笼统的概念 213
来讨论。的确,他们的孩子可以通过告诉他的朋友哪儿能买到避孕套来帮
助这些朋友避免染上艾滋病的危险。但是,如果一个父亲亲自给孩子一个
避孕套,则完全不同,这等于是给孩子的一个暗示和鼓励。还有一些父母,
担心自己的女儿会意外怀孕,他们就干脆带女儿到医院带上避孕环。虽然,
这样做总是好于由于没有任何防备而造成意外怀孕,但是如果能让女儿在
成年能独立管理自己的生活之后再发生性行为,就更好了。

生殖健康的各种知识和物品都应当对青少年开放,但是家长不宜介入
其中,除非他们想鼓励孩子进行性行为。而青少年在获得生殖医疗帮助时
所遇到的一系列困难(法律上的、逻辑上的以及经济上的)则再一次告诉我
们,只有成年人才有能力进行性爱。

然而,许多未成年人还没有独立就开始进行性行为已是不争的事实。
家长所不知道的是,虽然青少年已经有了性生活,但他们对此感觉并不好。
许多家长出于嫉妒认为自己的孩子这样做是受到了性快感的驱使,但是当
我们仔细观察这个现象时会发现,这样的青少年通常会感到很失落,感到周
围没有一个人来关心他保护他。在这些孩子表面假象的掩盖下,往往隐藏
着不为人知的焦虑和困惑。因此,毫无疑问,青少年试图通过性行为来证明
自己独立、有能力、有人爱,但事实上,这种企图失败了。由于这些孩子其他
方面并没有成熟,所以,他们的性经历反而会给他们带来更多的焦虑和
痛苦。

青少年可以有多种多样的准性行为,但是却不能发生真正的性爱,因为
这会导致他们所无法处理的意外怀孕。他们的准性爱是私密的,也无须让 214
父母知道。正像父母由于机智、谦逊和常识彼此之间的性爱无须跟他们讨
论一样。

只有在一对青少年情侣彼此能给予对方承诺,并能够承担所有的后果
时,他们才有资格享受性爱。通常,这样的情侣已经打算结婚,而且也不担
心早早地拥有一个宝宝。显然,今天的许多年轻人通常是在他们已经完全
独立,有了自己的工资的时候才开始性爱的。对于这些年轻人而言,他们的
性爱生活既是自己的事情,也可以拿到社会上进行讨论,但是却不是一件家

长所能干涉的事情。因为他们已经拥有了成年人所拥有的一切条件,甚至有时他们已经为人父母了。

而在家里的那些青少年则不同,他们仍没有摆脱对父母的心理上和经济上的依赖,他们在性这个方面仍需要父母的帮助。父母们意识到,当今社会上许多婚外恋给家庭带来了不稳定的因素,他们也开始对其子女非婚性行为产生怀疑。家长们深信,他们的孩子只有到 25 岁甚至到了 35 岁的时候才能找到一个合适的伴侣;然而,他们同时也知道,在结婚之前他们的孩子就可能已经拥有了性经验。

但同时,孩子们也受到保守道德的束缚。他们应当了解婚姻的圣洁性。他们应当知道,性爱只属于婚姻,婚姻是获得性爱的唯一途径。这种观点在孩子心目中建立起来一个安全的、规矩的世界。而当这些青少年长大之后,他们就会了解成年人世界的复杂性,也会发现在规矩之外,仍存在很多的例外。此时,家长无须教育孩子去谴责那些破坏婚姻的人,他们要做的是让孩子不受外界的影响,忠于自己的婚姻。

215　　　家长们一定要不断地向孩子灌输"性爱只属于婚姻"的观点,在孩子 5 岁时,10 岁时,15 岁时。他们可以以一种轻松愉快的方式来不断在孩子心中巩固这种信念。而当这些孩子会在电视上或是现实生活中发现许多例外的时候,他们很有可能以此为依据来跟父母们讨论性的问题。此时,父母应当耐心地向孩子们解释,虽然有许多年轻人有婚外性行为,但这并不意味着婚外性行为会给他们带来什么好处。同时,学校教育也会在这一点上支持父母。

一个身心健康的 12 岁的青少年,他们此时可以胜任照看婴儿的任务,同时,他们也有良好的判断力来拒绝性爱直到结婚之后,或者直到自己心理上和经济上都独立之后。这些青少年也不会让父母牵连进自己的性行为中,因为这是他们的隐私,也是他们应当承担的责任。而那些尚未独立,仍依赖父母的孩子在家中与恋人发生性爱则是家长所不能接受的,因为这种孩子并不能像成年人一样处理性生活。如果家长对这种情况采取绥靖政策,默许了孩子并向他们提供避孕措施或是其他的一些帮助,那么这只能使孩子在性爱问题上更加困惑。原因很简单:性爱是成年人的专利,不是那些仍依赖父母的孩子所能染指的。

青少年之间在有真正的性爱之前,通常会经历一段时间的"准性爱"时期,如对私密处的互相爱抚。在当代社会中,除了一些比较内向的孩子,一般的年轻人都会在独立生活之前经历过这种准性爱行为。对于这种行为,家长应当给孩子相当的隐私权。然而,一些对子女不放心的父母会监视他们的孩子,或是给孩子制定一些诸如不许关门的规定。这样,孩子与情侣之间的行为就局限在了家长的控制之中。

家长应当允许孩子们以适当的方式来疏导自己日益增长的对异性的兴趣,但是,这种方式不包括性爱,因为他们尚没有能力来承担由此带来的一切后果。孩子们通过互相交流和互相取乐来达到这个目的,这也使他们彼此都很关注对方是否真的喜欢自己——对于年轻人而言,心猿意马是很普遍的现象。经过这么一段时间的"准性行为"时期,一个没有一生的承诺也没有意外怀孕危险的时期,孩子们学会了如何用语言和行动来表达真诚的爱情,也懂得了相爱双方应有的责任。也正是这段时期,使一个仍然没有真正性经验的孩子学会了如何爱人如何体贴人。

相反,那些小小年纪就进行真正性爱活动的孩子们通常是受到一种攀比心理的驱使,对于男孩而言尤其如此。这种心理并没有让这些孩子体验到真正的爱情。由于这种"爱情"缺乏深度,他们之间的关系也相当贫乏。实际上,少女并不会从与她男友做爱中体会到多少快感,她们只不过想向父母和自己证明,她们已经不是需要父母关爱和照顾的小孩子了,她们已经成为一个独立的人。因此,这些女孩与男友之间的关系是一种互相利用的关系,他们彼此交易着安全感,甚至是金钱、权力和地位以及性垄断的权力。

正是由于以上这些原因,家长应当劝导孩子,告诉他们性爱只属于婚姻,婚姻外的性爱对谁都没有好处。但同时,家长并不能以一种强制的方法来达到这种目的。强制的方法只能使孩子们产生逆反心理,而最终打破性底线,尽管他们可能从性爱过程中并未体会到什么乐趣。

216

临 床 思 考

【案 例】

格雷格(Greg)在他 19 岁时,大学一年级肄业回家。为此,他的父母让他进行精神治疗。在他肄业之前的 6 个月,格雷格刚刚被同他分分合合的女友甩掉。在此之后,他们之间又经历了许多不愉快的事情。格雷格在分手后给他的前女友打了好几次电话来发泄自己的愤怒,而他的女友则通过学校保安处来警告格雷格,让他停止这种骚扰,否则的话就要起诉他。

格雷格为此更加气恼,并感到自己受到了羞辱,因为此事让他感到在大家面前很没面子。一股复仇的冲动使格雷格日夜不安——他寝食难安,更无法专注于学业。格雷格不能容忍他的前女友与他仍在一个学校里,他们中的一个人必须离开这里。在几周的痛苦挣扎后,格雷格终于向学校提交了他的退学申请。

217　　格雷格回家后,在一个餐馆找到一份工作。他在家里的生活并不愉快。格雷格一家是俄国移民,父母现在都是工人。他的爸爸曾经参加过第二次世界大战,并被德军俘虏过。在牢狱中,他受尽饥寒和虐待,这使得他至今仍少言寡语。

格雷格还有两个姐姐,大姐姐已经不在家里住了,而二姐姐艾瑞尼(Irene)身患多种疾病,至今仍卧床不起——她不能流利地说话,不能坐起来,不能自己吃饭。格雷格父母为了照顾她,不得不轮流上班。在很多时候,格雷格会被迫代替父母照看他姐姐,而他对这份差事很不满意。

格雷格在中学时代是个很优秀的学生,他还是一个很有天赋的棋手。他的优秀令他在大学获得了全额奖学金。

格雷格给医师的印象是脸色苍白、瘦小、面无表情、固执,并且还比他实际年龄(19岁)看起来要小一点。刚开始,格雷格一个劲地向医师倾诉他对于前女友的愤怒。他告诉医师,他从来没有喜欢过她,而他们之间的肢体接触也过于亲密了。在格雷格眼中,他的女友是一个自负、冷酷、肤浅、暴躁、自以为是的女孩。

随后,格雷格对于前女友不断的斥责很快扩展到他所认识的所有人身上。他开始对他身边出现的事情都持有一种否定、怀疑的态度,他认为这些事情都是虚伪的、装模作样的。格雷格的父母也表现出一种缺陷,在移居美国的1/4个世纪后,他们的英语居然还是那么蹩脚。同时,格雷格对医师持有很大的怀疑,他认为医师并不能帮助他解决问题。

一个人，如果不是完全的白痴，那么他应当被视为一个危险的敌人。这种观点驱使格雷格热衷于象棋比赛之中。这种过分热衷一度导致格雷格曾与象棋协会的负责人在一些细节上发生争执，这个争执不断升级，直到格雷格受到象棋协会的严重警告。在治疗期间，格雷格还把医师形容成一个穿着细高跟鞋的性虐待女王，医师用各种各样的医疗器具对他进行虐待，还不断地诅咒他，并以此为乐。

218

经过一段时间，格雷格表现出一种强烈的自卑，他形容自己是"怪兽"，正如他那个不会说话也没有任何希望的姐姐艾瑞尼一样。格雷格认为他跟他姐姐来到这个世界上，本身就是一个错误。然而格雷格在爱情上的失望却是最为自然的，毕竟"乞丐是没有选择权的"（Beggars can't be choosers）。他坦白自己曾有过春梦。在治疗过程中，医师却很难与他对话，因为格雷格此时几乎无法听进去任何人的劝。他只是一个劲地说，不允许其他人插嘴。

不多时，格雷格在这种独白中逐渐发现自己的愤怒、对复仇的恐惧以及自我悔恨都与他对父母的过度失望有关。在格雷格眼中，他的父母是贫困且难以交流的人，他们是失败者，在时光的流逝中一事无成。格雷格的父母并没有给他提供他所需要的一切，为此，格雷格相当失望。他们的不称职以及对格雷格的忽略对他而言，是一个相当大的打击。同时，他也渐渐为一种罪恶感掳获，因为他曾鄙视那些对他一片好心的人。

格雷格至今仍对几年前的一次经历记忆犹新。那一次，格雷格的母亲又向其父亲提起了格雷格与大姐很久之前的一次吵架，之后，爸爸走进格雷格的房间，二话不说把他关进衣橱里，并用自己的身躯挡住门。格雷格永远忘不了当时被关在衣橱里的那种恐惧。

之后，格雷格又向医师谈起了他姐姐艾瑞尼。不管艾瑞尼身患什么疾病，毕竟她是格雷格的姐姐，因此，格雷格在内心深处，仍是爱着艾瑞尼的。在陪伴艾瑞尼的时候，格雷格还能体会到乐趣。他曾经努力教给他姐姐一些东西，而他姐姐也很认真地学习。在跟医师谈到这里的时候，格雷格含着泪水为他姐姐辩护说："她并不是白痴，她还是能辨认出颜色的。"

在此之后,格雷格逐渐放轻松了,而医师也并不那么着急了。格雷格第一次对象棋之外的领域表现出一种好奇心。他开始宽容父母的种种缺陷,也开始忘掉那次不愉快的恋爱,用他的话说,那场恋爱是"年轻人所需面对的众多灾难中的一个"。

几个月后,格雷格在一场当地的象棋巡回赛中获得了冠军。他也开始打算终止治疗,重回大学。在他与医师见的最后一面中,格雷格回忆起了他曾经把医师想象成是一个性虐待女王,并觉得当时这种想法很好笑。而现在,格雷格对这位医师充满了感激。

这个案例告诉我们,青少年成长时所表现出来的脆弱,对他们在性方面所遭受的危机有很大的影响。这种脆弱性只有在青少年渐渐步入社会后才会显示出来(Waelder 1936)。在这些孩子真正接触到爱情之前,他们不会明白他们的爱情是充满着失望、恐惧与背叛的。

格雷格在出现问题时及时得到了治疗。他由于受到打击而显示出一系列的症状。就像爱情诗所描写的那样,他寝食不安,无法安心学习。但是,这又并不完全就像诗一样,因为他的这些症状并不是由于被爱情的力量征服所致,而是由于一种相反的情绪。

格雷格从小就十分渴望得到父母的帮助,但是他的父母并没有为他提供他所需要的帮助。这背后有许多原因,比如他父亲曾经的那段不堪回首的历史,父母的移民身份所导致的相对孤独,以及对残疾女儿的照顾。格雷格脾气比较火暴,但同时他也非常聪明机灵,这就令他更需要他父母的关照与爱护。然而,他的父母却忙于生计,忙于照顾他们残疾的女儿,对儿子的需求一无所知。

结果,格雷格的童年充满了挫折。他受伤的自尊心以及他的嫉妒心和愤怒造成了他的受虐倾向。格雷格父亲时常失去控制的举动以及他曾经对战争经历的回忆更令格雷格充满了恐惧。而他二姐的天生缺陷也令格雷格失去了信心。这所有的一切给格雷格造成了一个相当不好的成长环境,在这种环境中,他充满了恐惧、负罪感以及愤怒。另外,他火暴的脾气也不断为他招致更多的仇人。这会令他确信自己不可能爱任何人,同时,任何人也不可能爱上他。

　　在这种背景下,格雷格的性心理和性行为是不可能健康的,对于他而言,这些东西不断地证明他是一个地地道道的"怪物"。在他自己的眼里,他是没心没肺、脱离人世的一个爱情"乞丐"。

　　而精神治疗令格雷格理解了父母由于种种原因不能满足自己的一些愿望,并且开始同情父母。最终,即使现实如此,格雷格也不再悲观地把人看成是一个受到虐待的可怜虫。生活对于他而言不再是一个攻击和被攻击的二元世界。通过他与他姐姐艾瑞尼的自恋认同(Narcissistic identification),格雷格也不再将她视为一个残疾、孤僻、无助、没有价值的一个人,相反,在参与照顾艾瑞尼的过程中,他渐渐体验到一种快乐,一种关爱他人、体贴他人的快乐。

十四　结　语

精 神 价 值

　　我们培养孩子的性格是建立在一个基础之上，这个基础就是父母与子女之间亲密友好的关系。对孩子所有的教育都始于这种关系，正是通过情感，人与人紧密地联系在一起——个体的特性在这里并不会阻碍亲子之间紧密的联系，恰恰相反，这种联系正是由此而建立起来的。父母对于孩子的这种关照与温情，正是孩子日后以同样的态度对待他人和其他事物的基础，包括宗教、科学等等。

　　行为端正的家长可以把自己的种种优良品德传授给自己的子女，如诚实、正直。这些家长在生活中时时刻刻都以这些道德准则来规范自己的行为，并希望同时能够从他人那里得到相同的对待。他们对自己教育子女的能力十分自信，虽然他们并不是全知全能的。孩子们会以家长为榜样，在家长的指导下学会如何去爱人，如何去得到别人的爱，以及学会如何去体验美好的生活。而这个目的正是许多宗教所谆谆教诲的，科学家则称此为"精神健康"。这种精神在历史上虽然是从宗教中得来的，但是在当代社会并不一定要与某一个宗教有一定的瓜葛。一个孩子完全可以在不信任何宗教的同时拥有这些美德。

　　一个自信的家长不会担心自己的孩子会受到外部世界不良因素的影响。他相信自己的孩子有良好的判断力，可以辨清事物的好坏，他也知道自己无须在孩子与外部世界之间横插一腿，为了不让孩子受到不良影响而阻止孩子接触这个社会。父母们应当知道，那些所谓的不良影响——包括金钱至上、物质主义和对所谓轰动效应的追求——仅仅只能影响到那些内心空虚、对人生失去希望的孩子。而如果父母与子女之间能够建立一种融洽亲密的关系,那么这些被关爱、对未来充满希望的孩子们则根本不会受到这些东西的影响。

虽然说父母们应当将自己的精力放在精神层面上,放在真正要紧的精神与事物或人际关系上。但是,我们并不是说追求物质生活,追求金钱是错误的。父母们希望孩子安全、接受良好的教育、有良好的物质环境,这所有的一切都需要钱。不仅仅如此,我们的审美观和价值观都会受到金钱的影响——我们喜欢漂亮的饰品、喜欢时尚的衣服、喜欢美丽的壁画,以及旅行、音乐、艺术、舞蹈等等。而这些也都是需要用钱来买的。

如此说来,世界上最不物质主义的就是婴儿了,因为他的兴趣完全在人身上。婴儿从出身之日起,就需要人在周围、需要人们的关爱,这种程度丝毫不亚于他对食物和温暖的渴望。聪明的父母会知道,他们能给予初生孩子的最好的礼物和奖励,就是无微不至的关心与爱护带给他的简单的快乐。

在以前,家长们在孩子身上花的钱并不是很多,一两美元、一个自行车、一副象棋、一盒水彩笔就可以满足一个小孩子。在那时,孩子们可以开心地在后院里跟泥土、石头和小虫子玩一天。丰富的大自然极大地刺激了孩子们的想象力和创造性,他们可以利用简单的自然物发明出许多有趣的玩法。而现在,许多家长急于给孩子们最好最棒的东西,因此,他们热衷于给孩子购买那些所谓的"专家设计,激发想象力"的昂贵玩具。这些家长不知道,激发孩子想象力的正是他们自己对生活的态度。那些贵重的玩具实际上只能阻碍孩子的创造力,尤其在这些玩具本身玩法单一且没有任何的发展空间之时。此时,孩子们很快就会对这些玩具失去兴趣,而渴望新的东西来刺激他。

只有当孩子用心灵去体会那些具有无限深度和广度的创造精神时,才可以让他们时刻保持高度的兴趣。而这种创造精神是在与人交往时或是独立思考时才会产生的,孩子们是需要它们的。对于孩子而言,这种经历十分重要,因为正是在这种经历中,他们体验到了一种从未实现的愿望,感受到了一种只有努力才能得到的乐趣。

有时孩子会有极强的欲望要这要那,这会令家长很烦心。此时,家长们就当鼓励孩子们去户外做体育运动或是参与一些其他的活动,并且把孩子的卧室布置得充实一些。这样做就告诉了孩子,他们必须时刻让自己有事可做,以此来避免空虚。如果他们无所事事,那么他们将会陷入令人恐惧的寂寞与空虚之中。这种无所事事的空虚令孩子们失去耐心,使他们甚至无法忍受片刻的无趣,就像一个画家在灵感突发之前就在空白的画布面前失去耐心一样。而一个有经验的画家会容忍这种空白,会耐心地激发和等待即将到来的灵感,并最终创造出一幅优秀的作品。

虽然说并不是所有的孩子最终都能成为职业画家,毕竟拥有这种天赋的人还是少数,但是所有的孩子都拥有一种创造的原动力,因为他们有自己的个性并且有欲望去把这种个性表达出来。家长们应当培养孩子的这种能力,鼓励孩子们把时间和活动用在发展创造力上。同时,家长还应为孩子提供相应的物质条件,不过必须注意的是,这些物质条件一定要让创造力引领,而不是反之。自信的家长会允许孩子的这种创造力自由发展而不加干涉。于是,孩子的想象力就像平原走马一般自由自在。孩子的想象力不受任何具体事物的局限,因此他们也由此培养出了一种性格,一种与那些规规矩矩受到约束的孩子截然不同的性格。这种无形的想象力可以表达、解释甚至解决有关孩子的一些问题,它令年轻人的情感生活变得更真实、更温情、更内敛。它也可以将孩子对现实的体验与最终价值联系在一起,因为,这种想象力可以使孩子更深层次地思考一些问题,如生与死、男性与女性、爱与恨。

224

记 忆 与 意 义

一次,一个古典音乐演奏家发现自己学习和演奏古典音乐的冲动有一部分是来自一种担心,担心如果没有人了解这些音乐,它们将会最终失传。这个音乐家对古典乐曲的热情,驱使他为保留这些伟大而美妙的古典音乐作出了突出的贡献。在这个音乐家小时候,他的母亲就一直身体不好,不仅是生理上得病,心理上也有疾病。因此,他从小就充满了忧虑,害怕母亲离开自己。

我们被种种事物所感动的这种情感,包括艺术、勇气、宗教以及自然之美,都来自我们早先时候所体会到的一种无法用语言所表达的感觉。通常,这些深刻的感觉是一种无以言表的快乐与悲伤、希望与悔恨的混合体。我们发现一些人,他们其实并没有太多的天赋,但是却能十分好地体会出大自然、艺术作品以及人世间种种的内涵。这种被感动的能力,体会到生活深刻含义的能力是人格中重要的一个组成部分。这种能力对一个人的人际交往有着很大的影响,但同时它也是一个人孤独的重要的特征,是那种不可分享的人格中的一部分。

这种维度的发展——我们可以称这种维度为深度、敏感、敬畏、想象或者同情——取决于一个人幼时与他父母亲密关系的发展。在生活中,欢乐与爱背后总是充满着痛苦与悲伤,因为生活本身并不是一件容易的事情。即使是竭尽全力,也不会有一个父母可以让孩子永远远离苦恼。我们不知道,如果那个音乐家的母亲没有得病,他还会不会像体会到生活的脆弱一样体会到艺术的美妙,会不会还把自己视为古典音乐的拯救者。但是,我们可以轻易地发现,童年时,他与母亲痛苦的经历令他珍惜一切事物,也培养了他对梦想追求的激情和对家乡思念的惆怅。

225

对孩子最为重要的事情并不是作为家长的我们十全十美,而是我们真实地站在孩子身旁。一些负责的家长有时会在教育孩子的问题上很失败,这样会给孩子造成不好的结果。但是,这样总好于那些不负责任的家长,这些家长会对此种结果无动于衷,因为他们与子女之间的感情非常淡薄。

对于所有的父母而言,他们对子女生活的干涉总有终止的一天,那就是当他们的子女已经能够为自己行为的后果承担责任的时候。然而,即使是这个时候,父母与子女之间的关系仍在不停地发展。就算是孩子进入了成年,结了婚,甚至是到了老年,他们双方之间的感情、关系仍会随着共同的经历而不断深化。

孩子们的存在丰富了家长们的生活,同时也刺激了家长情感生活的成长。父母们从孩子那里学到很多东西,他们自己的性格由于受到孩子的影响(包括孩子对父母的爱、敏锐的反应以及观察力和意见)而变得更为开朗。很多家长会仅仅看到孩子可爱的一面,但却忽略了孩子的敏锐观察力,在这种观察力的帮助下,即使一个小孩子也能给大人一些宝贵的意见。不同人对事物不同的意见,以及孩子独特的见解会使每个家庭成员都由此获益。

一个家庭最为重要的功能就是抚育小辈,赡养老辈,并且照顾那些身体不好的家庭成员,而家庭中的中年人主要承担了这些责任。而当这些中年的父母渐渐变老之后,则开始由他们的孩子来赡养他们,此时,他们的权威,甚至是在他们自己事务上的权利(通常由律师来执行)都由他们的孩子来代理。这种所谓的三明治的一代(Sandwich generation,指那些既要照顾老人,又要抚养下一代的人)有史以来就出现了,这是因为照顾弱者是强者的义务。对于许多人而言,他们并不愿意让外人来照顾自己或是抚育自己的孩子,那么,这种家庭抚育或养老的方式就是一个很好的选择。

226　　身为父母,人们看到自己的孩子渐渐长大并承担应有的责任(个人的、家庭的、社会的)时会十分高兴。当我们看到孩子这样渐渐成熟之后,我们也就明白了自己已经成功地将孩子抚养成人。我们给予子女最为宝贵的遗产并不是银行的存折,也不是对父母的记忆,而是他们本身所拥有的能力、道德与修养。

在生命的长河中,我们给予孩子以及他人的爱——正是这种爱使得他们成长、成熟——是最为不朽的东西。如果一个人真正接触到一个孩子内心的世界,纵然他自己早已远离那种童真,这个人也绝不会排斥这种童心。这样,我们对于孩子的爱会传递到孩子身上,也会传递到孩子的孩子的身上。这也是孩子们经常寻找的答案。他们会问:"当我们死后,会有什么事发生?"我们可以安慰孩子,同时也安慰自己,如果我们从未怀疑过每个人都有机会拥有一种最为珍贵也最为神秘的东西——爱心。我们的精神是代代相传的,这种精神通过一个拥抱超越记忆、超越死亡而永传于世。

参 考 文 献

Bender, L. (1947). Childhood schizophrenia. *The American Journal of Orthopsychiatry* 17: 40 - 56.

Bleuler, E. (1911). *Dementia Praecox or the Group of Schizophrenias*. New York: International Universities Press, 1968.

Fenichel, O. (1945). *The psychoanalytic Theory of Neurosis*. New York: Norton.

Freud, A. (1936). *The Ego and the Mechanisms of Defense*. New York: International Universities Press.

Freud, S. (1917). Introductory lectures on psychoanalysis. *Standard Edition* 16: 243 - 462, 1963.

Jacobson, E. (1964). *The Self and the Object World*. New York: International Universities Press.

Kernberg, O. (1975). *Borderline Conditions and Pathological Narcissism*. New York: Jason Aronson.

Klein, M. (1932). *The Psycho-Analysis of Children*. New York: Norton.

Kraepelin, E. (1919). *Dementia Praecox and Paraphrenia*. New York: Robert E. Krieger, 1971.

Mahler, M. S., Pine, F., and Bergman, A. (1975). *The Psychological Birth of the Human Infant: Symbiosis and Individuation*. New York: Basic Books.

Waelder, R. (1936). The principle of multiple function. *Psychoanalytic Quarterly* 5: 45 - 62.

Winnicott, D. W. (1965). *The Maturational Processes and the Facilitating Environment*. New York: International Universities Press.

索 引

以上部分译者：刘梦岳

图书在版编目(CIP)数据

　　培养孩子的性格：将信义与正直植入孩子的心灵/
(美)伯格(Berger, E.)著；陈佳雯　刘梦岳译. —上
海：上海社会科学院出版社，2010
　　ISBN 978 - 7 - 80745 - 663 - 6

　　Ⅰ.①培… Ⅱ.①伯… ②陈… ③刘… Ⅲ.①儿童-
性格形成-通俗读物②儿童教育-家庭教育　Ⅳ.①B844.1
②G78

　　中国版本图书馆 CIP 数据核字(2010)第 049269 号

RAISING KIDS WITH CHARACTER：Developing Trust and
Personal Integrity in Children
Copyrights ⓒ 1999 by Elizabeth Berger
First Rowman & Littlefield (edition 2004)
All rights reserved.
Published by agreement with the Rowman & Littlefield Publishing
Group through the Chinese Connection Agency, a division of The Yao
Enterprises，LLC.

　　上海市版权局著作合同登记号　图字 09 - 2007 - 449 号

培养孩子的性格——将信义与正直植入孩子的心灵

著　　者：伊丽莎白·伯格
译　　者：陈佳雯　刘梦岳
责任编辑：唐云松　位秀平
封面设计：闵　敏
出版发行：上海社会科学院出版社
　　　　　上海淮海中路 622 弄 7 号　电话 63875741　邮编 200020
　　　　　http://www.sassp.com　E-mail：sassp@sass.org.cn
经　　销：新华书店
印　　刷：上海商务联西印刷有限公司
开　　本：710×1010 毫米　1/16 开
印　　张：13.5
字　　数：200 千字
版　　次：2010 年 6 月第 1 版　2010 年 6 月第 1 次印刷

ISBN 978 - 7 - 80745 - 663 - 6/B · 041　　　　定价：30.00 元